原子力の精神史
——〈核〉と日本の現在地

Yamamoto Akihiro

はじめに

日本は「核のない世界」を望んでいるのだろうか。
「核」を軍事利用と民事利用にいったんは分けたうえで、それぞれの現状をみてみよう。
「核兵器のない世界」の実現は日本の「使命」だといわれる。二〇二〇年八月六日、広島平和祈念式典に参列した安倍晋三首相（当時）は、挨拶のなかで次のように述べた。

広島と長崎で起きた惨禍、それによってもたらされた人々の苦しみは、二度と繰り返してはなりません。唯一の戦争被爆国として、「核兵器のない世界」の実現に向けた国際社会の努力を一歩一歩、着実に前に進めることは、我が国の変わらぬ使命です。

「核兵器のない世界」の実現を着実に前に進める。そうはいうものの、日本政府は二〇一七年に国連で採択された核兵器禁止条約に署名していない。核兵器を法的に禁止する核兵器禁止条約に参加しなかった理由は、当時の外相・岸田文雄によれば、「核兵器国と非核兵器国の対立をいっそう深め、両者の協力を重視する我が国の立場に合致しない」からだという（『朝日新聞』二〇一七年七月九日）。

他方で、日本は一九九四年以来、毎年、国連総会で核兵器廃絶決議案を提出しており、核兵器廃絶の国際世論の形成に一定程度は貢献してきたともいえる。ただし、二〇一七年に日本が提出した核兵器廃絶決議案には、変化もあった。前年までの決議案には「核兵器のあらゆる使用による壊滅的な人道的結末についての深い懸念」と、「あらゆる」という言葉が入っていたが、二〇一七年にはそれが削除されていたのである。

北朝鮮の核・ミサイル開発など東アジアの安全保障環境の悪化により、日本の安全保障はアメリカの核兵器の抑止力への依存を強めているようにみえる。そのため、アメリカが反対する核兵器禁止条約には参加できず、これまで続けてきた核兵器廃絶決議案の表現も弱めざるを得ない――こうした安全保障環境や国際政治の力学による説明は、合理的にみえるが、ただ現状を追認するだけの効果しかないようにも思える。

核兵器禁止条約への不参加と、核兵器廃絶決議案の提出はダブルスタンダードではないか。そう感じる人は多いのではないだろうか。しかし、現実主義的な政治学者や官僚、政治記者、ジャーナリストたちは、おそらくこう主張するだろう。長期的には核兵器廃絶を目指しているため核兵器廃絶決議案を提出するが、短期的にはアメリカの核抑止力に頼らねばならない以上、核兵器禁止条約には参加できないのだ、と。

あるいはこのように恫喝《どうかつ》してくるかもしれない。アメリカの核兵器の抑止力がなくなって、他国が攻め込んできたらどうするのか。あなたは日本が専守防衛を放棄して自ら抑止力を持つことを望んでいるのか。最後は「攻められたらどうする」と凄《すご》むのが、安全保障に関わる議論でよくみる風景である。

冒頭の問いに戻ろう。日本は、「核兵器のない世界」を望んでいるのだろうか。現状では、答えはノーである。日本が望んでいるのは、「核兵器のない世界を誰かがつくってくれること」に過ぎない。日本は、核兵器国と非核兵器国の橋渡し役を自認しているが、橋渡し役としていったい何をするつもりなのか、具体的な方策はみえてこない。

次の問いに移ろう。

日本は核エネルギーの利用（原子力発電所・高速増殖炉・再処理工場など）のない社会を目指しているだろうか。

これは即答できる。ノーである。もっとも、原発がないほうが良いと漠然と思う人も含めれば反原発や脱原発の世論は定着しているといえる。原発の再稼働の是非を問う世論調査をみれば、二〇一六年一〇月の『朝日新聞』の世論調査では反対が五七パーセント（賛成は二九パーセント）、二〇一七年三月の『毎日新聞』では反対が五五パーセント（賛成は二六パーセント）だった。しかし、現状を見渡せば、核エネルギー利用のない社会に向けての主体的な努力は、行政にも企業にも多くの国民にもみられない。むしろ逆である。

二〇一八年七月に発表された「エネルギー基本計画」では、原発は「重要なベースロード電源」とされた。「長期エネルギー需給見通し」（二〇一五年七月）では、二〇三〇年には原発の電源構成比率を二〇—二二パーセントにするとされている。二〇一九年六月に策定された「パリ協定に基づく成長戦略としての長期戦略」でも「低廉かつ安定的な電力供給や地球温暖化といった長期的な課題に対応」するため、「安全確保を大前提に、原子力の利用を安定的に進めていく」とされる。二〇一一年の東日本大震災による福島原発事故を経験して、より安全性を高めたというロジックである。二〇一二年発足の第二次安倍政権以降、九基の原発が再稼働し、今後は「原則四〇年」とされる運転期間を過ぎた原発の再稼働が目指されている。

二〇一一年三月一一日以降の一〇年間で、核をめぐる日本の状況は変わったのだろうか。変わっていないどころか、核への依存はむしろ強固になったようにもみえるが、実際のところはどうなのか。

本書は、核エネルギーを利用するシステムが、いかに日本社会に根を下ろしているのかを明らかにしていく。「核エネルギーを利用するシステム」とは、安全保障の前提にアメリカの核兵器を置き、原発と核燃料サイクルを維持するという政治・経済の論理を支持する価値体系であり、同時にそこから生み出される価値体系でもある。本書は、それらの価値体系を明らかにするために、核エネルギーを利用するシステムについて、歴史的かつ思想史的に考察することを目指している。

第一章では、核エネルギーを利用するシステムを批判的に考察するための視座を、過去の議論からくみとって整理する。そのうえで、核抑止論や核燃料サイクルをなぜ手放すことができないのか、考察する。改めて述べるまでもないが、「批判的」というのは「否定的」とは異なる。現象を検討して、問題を考察し、改善点があれば指摘する作業を指して「批判」と呼んでいる。

第二章は、いわば「歴史編」である。第一章で提示した論点に沿って、原爆投下から二〇一一年三月までの約六六年を概観する。

第三章は、「現代編」にあたる。二〇一一年の原発災害以降の民主党政権の取り組みや、自民・公明党政権による方向修正などを踏まえ、日本社会で起こった排除と包摂の動きを把握する。原発災害を忘れさせようとする力と、忘れたいという願いが手を取りあって、原発や原子力施設が再び視界から外れつつある現状を明らかにする。

なお、本文で言及する文献の情報は巻末の参考文献リストに掲げた。本文中の文献挙示の形式は基本的に統一しているが、文脈に応じて変えた箇所もある。

目次

第二章　被爆国が原発大国になるまで　109

第一章　核時代を批判的に考察する六つの論点

1　近代の病と巨大科学技術

核兵器と原発および核燃料サイクルなど、核エネルギーを制御したり、放射性物質から核燃料を取り出したりする営為は、現代日本社会に根を張っている。第一章では、その状況を批判的に捉え直すための六つの論点を、過去と現在の様々な議論から拾い上げていく。

核エネルギーの民事利用について社会思想史的に考察した著作としては、吉岡斉《ひとし》『科学者は変わるか：科学と社会の思想史』や、絓秀実《すがひでみ》『反原発の思想史：冷戦からフクシマへ』、佐藤嘉幸《よしゆき》・田口卓臣《たくみ》『脱原発の哲学』など、すでにまとまった達成があるが、第一章ではこれらの議論を踏まえつつ新たな論点を付け加えたい。

核に関する六つの論点に入る前に、議論の土台を固めておこう。そもそも、近代社会と科学技術はどのような問題を抱えているのだろうか。それを確認し、その問題が現代社会と核との関係にどのように受け継がれているのか、整理しておこう。

フランケンシュタインの怪物

近代の科学技術と人間・社会との関係について、寓話的ともいえる示唆を与えてくれる小説がある。メアリー・シェリーが一八一八年に発表した高名な小説『フランケンシュタイン：あるいは現代のプロメテウス』がそれだ。フランケンシュタインという怪物は、映画やマンガなどを通して人口に膾炙《かいしゃ》しているが、その原作となった小説では、フランケンシュタインは怪物の名前ではなく、怪物を生み出した研究者の男の名前である。彼はヴィクター・フランケンシュタインという。

この小説が持つ含意は、これまでにも頻繁に指摘されてきた。代表的な著作として、廣野由美子『批評理論入門：「フランケンシュタイン」解剖講義』や、小野俊太郎『フランケンシュタインの精神史：シェリーから「屍者《ししゃ》の帝国」へ』などがある。本書では、核エネルギーを念頭に置きながら、近代社会と核との関係を考察するための手がかりを、『フランケンシュタイン』の物語から引き出してみたい。

この作品の副題には「あるいは現代のプロメテウス」とある。プロメテウスとはギリシャ神話に出てくる神で、天界から火を盗んで人間に与え、罰せられたという神話と、土から人間をつくったという神話に登場する。プロメテウスの名前は、『朝日新聞』の連載「プロメテウスの罠《わな》」など現代でも核エネルギーを解放した人類を表す際に使用されている。では、『フランケンシュタイン』はいかなる意味で「現代のプロメテウス」なのか。

やや長くなるが、物語の梗概を確認しておこう。

書簡体小説『フランケンシュタイン』は北極探検に向かうウォルトン隊長の手紙から始まる。ウォルトンは贅沢《ぜいたく》で気楽な生活を捨て、探検や発見に生き甲斐《がい》を見出《みいだ》す勇敢な男として造形されている。彼の目標は、極地で雪や霜のない土地を発見することと、磁石の秘密を発見することだった。

ウォルトンは、北極への途上、氷に囲まれた洋上で、ヴィクター・フランケンシュタインという男を発見し、自分の船に乗せる。最初は口数が少なかったフランケンシュタインだったが、ウォルトンとの会話を通して次第に心を開く。北極で新発見ができるならば、財産や生命などすべてを失っても後悔はないと話すウォルトンに、フランケンシュタインは自分と同じ思いを見出したのだった。

こうしてフランケンシュタインは、自分が経験した恐ろしい話を語り始める。新たな知識を求めた彼は、探究の過程で、自分が愛する人びとをすべて失うという悲劇に見舞われたのだった。

少年時代から、フランケンシュタインは錬金術などに関心を持っていたが、大学で自然科学と出会って錬金術を放棄し、科学的研究に熱中する。多くの先達と同じように自分もまた、自然界の深奥部に隠された神秘の世界を解明しようと望むのである。彼が取り組んだのは、生命の原理の解明だった。研究の結果、人造人間を創造できると確信するようになったフランケンシュタインは、女性の力を借りずに、自分という父親一人で、人造人間を生み出す研究に没頭する。二年に及ぶ研究のなかで、夜中に街を徘徊《はいかい》して人造人間に必要な死体を集めるなど、フランケンシュタインの精神は次第に常軌を逸し始めた。すべては偉大な発明のためだった。

その結果、彼が生み出したのは、忌まわしい「怪物」、巨大で醜い人造人間だった。人造人間が動き始めると、フランケンシュタインは無責任なことに逃げ出してしまう。残された人造人間は、フランケンシュタインが残したノートや本を読みあさって言葉を覚え、自分の誕生の秘密を知った。そして、フランケンシュタインの家族の居場所を突き止め、弟を殺してしまう。外見が醜いために数々の迫害を受けながら、人造人間は自分の父親を追い求める。

とうとう人造人間は父親のフランケンシュタインと再会する。そこで、人造人間は自分のための女性の友だちをつくってくれと懇願する。フランケンシュタインはそれを受け入れて再び研究に戻るが、嫌悪感にとりつかれ、完成間近だった女性の人造人間を自ら破壊してしまう。怒った怪物は今度はフランケンシュタインの妻を殺す。このまま怪物を野放しにすることはできない。怪物を葬ることは父親たる自分の責任だ。そう考えたフランケンシュタインは、氷結地帯へと人造人間をおびき寄せようとする。そこで、探検中のウォルトンに出会ったのだ。

さて、フランケンシュタインを乗せて北極を目指すウォルトンの船は、氷山に囲まれて立ち往生してしまう。船員が凍死し始めると、生き残った船員たちはウォルトンに探検を諦めて引き返すべきだと提案する。しかし、興味深いことに、人造人間を葬るという新たな目標を抱いたフランケンシュタインは、衰弱していたにもかかわらず立ち上がり、船員たちに向かって昂然《こうぜん》と演説を始める。

そんなに簡単に計画をあきらめるのか？　君たちはこれは栄えある遠征だと言ってきたではないか？　なぜ輝かしいと考えたのだ？　南の海のように平坦で穏やかななかを進むからではなく、危険と恐怖がいっぱいの海だったからではないか。（中略）君たちは、偉人として賞賛を受けるはずだった。名誉と人類のために死に立ち向かった勇者として、讃《たた》えられるはずだった。だが、今はどうだ。危険を頭に浮かべ、勇気を試す大きな試練を迎えたにもかかわらず、ただ怖気《おじけ》づいているだけではないか。

（中略）

隊長に負け犬の恥ずかしさを味わわせてはならない。男になるのだ。いや、男以上のものになれ。岩のように頑として目的に向けて進むのだ。この氷は、君らの心のような断固としたものではない。移ろいやすく、邪魔をするなと言えばそれに逆らうことなどないのだ。だから額に恥辱の烙印《らくいん》を押されて、家族のもとへ戻るようなことはするな。雄々しく闘って勝利を収めた英雄として、敵に後ろを見せなかった者として、意気揚々として帰るのだ。

（『フランケンシュタイン』）

危険と恐怖を乗り越えた先にある輝かしい栄光。それを勝ち取るのが「男」であるとフランケンシュタインは述べる。厳しい自然環境は打ち倒すべき「敵」だと認識されている。自らの「男らしさ」を信じて疑わない力強い口調だ。しかし、その直後、フランケンシュタインは死の床に伏し、追いかけてきた人造人間も氷の海に身を投げて物語は終わる。

この小説は、近代科学の発展にとりつかれた男たちの悲劇としての側面を持っている。産業革命による蒸気機関は、未知の「怪物」といえなくもないし、機械の導入によって失業の脅威に悩まされた労働者たちの機械破壊運動（ラッダイト運動）もまた資本家からすれば「怪物」にみえたかもしれない。「怪物」が何を意味するのか、解釈は多様だが、社会の変動期に書かれた小説であるがゆえに、二〇世紀の科学技術と社会との関係を考察する際にも有益な手がかりを提供してくれる。ポイントは以下の二点だ。

第一に、予期せぬ破綻がある。目的へと突き進む探究が、当事者に過度の緊張を生み、いつしか病んでいく。輝かしいはずの成果も当初の想定とは異なったもので、最後には悲劇が訪れる。これは、フランケンシュタインが、自分が生み出した人造人間に追い回され、常軌を逸するというプロットや、両者がともに死に終わるという物語の結末に示されている。

第二に、「危険を伴う冒険」としての科学的探究を求める男性性である。

フランケンシュタインもウォルトンも、科学の「創造性」によって栄光を得ることができるという確信を持っており、両者の冒険は対応関係にある。彼らは、英雄主義的な男性性という個性においても共通している。彼らは目的を達成するためには犠牲を辞さず、非倫理的な行為にも手を染める。犠牲や悪行は、目標の尊さを表すものとして肯定的に評価されることさえある。にもかかわらず、後世の読者たちがフランケンシュタインと彼が生み出した怪物とを取り違えて、フランケンシュタインを怪物の名前だと思っているのは、名を残すという英雄主義的な男性性にとっては痛烈な皮肉だろう。

男性性という問題は、実はこのテクストの成立にも関わっている。一八一八年に発表された『フランケンシュタイン』の初版は、詩人であったメアリーの夫パーシー・シェリーが校正を行い匿名で刊行され、「前書き」も彼が書いている（第三版の段階でようやくメアリー自身の手によって修正された）。

これら二点は、人間と核との関係にも部分的に当てはまる。ただし、メアリー・シェリーの時代とは異なり、二〇世紀の科学は巨大化した。フランケンシュタインはたった一人で人造人間を生み出し、ウォルトンは私財をはたいて北極を目指したが、二〇世紀の科学は個人の裁量を超えて肥大した。国家が先導して資本・科学者・労働者・情報を動員し、中央集権的な巨大システムのなかでの分業を通して、各セクションが目標に向かって突き進んでいく——それが二〇世紀のフランケンシュタインの姿だった。

そして、二〇世紀のフランケンシュタインのもっとも端的な例として、原爆を開発したアメリカのマンハッタン計画がある。

マンハッタン計画と巨大科学技術

フランクリン・ルーズベルト大統領の命令で進められた原爆開発計画が陸軍のプロジェクトとして本格化したのは、一九四二年八月のことだった。事務所がニューヨークのマンハッタンに設けられたことから「マンハッタン計画」と呼ばれた。

ニューメキシコ州のロスアラモスの研究所を中心に、テネシー州オークリッジのウラン濃縮工場、ワシントン州ハンフォードのプルトニウム生産炉と分離回収施設など各地で極秘裏に開発が進み、関わった人員はピーク時で約一三万人にも及ぶ（合計では約六〇万人が参加した）。巨大な戦時プロジェクトは、戦争に勝つという目標に向かって、最短距離を突き進んだ。反ファシズムという「正義」を掲げた科学者もいたが、多くの科学者たちは国家による科学動員を当然の義務として受け止めていたし、一流科学者たちとともに原爆開発というプロジェクトに参加することは名誉でもあった。

マンハッタン計画のなかでも注目すべきポイントは、この計画が、核物質を管理するだけでなく、人間をも厳格に管理したことだ。原爆開発計画は議会にさえ報告されないほどの最高レベルの軍事機密だったため、関与する科学者たちは監視の対象でもあり、家族との通信は制限された。他方で、放射性廃棄物の管理にはずさんなところもあり、マンハッタン計画から出た廃棄物が一般のゴミと一緒に埋められたことが戦後になって明らかになった。

このように、マンハッタン計画は科学者を含む労働者の人権や安全、核が持つ社会的な意味など、科学だけでは解決できない諸問題を生み出した。科学者たちの名前は歴史に残り、栄光を得たのかもしれないが、他方で広島と長崎で無差別大量殺戮《さつりく》と深刻な後遺症を生むことにもなった。さらに、核エネルギーをいかにコントロールし、廃棄物にどう対応するのかという問題も残った。そうした問題は、ナチスよりも先に原爆を開発し戦争に勝つという目標に向けて突き進んでいるあいだは、等閑視することが可能だったのかもしれない。しかし、目標達成後には、決して無視できない課題として人類の前に立ち塞がった。その意味で、マンハッタン計画は、戦後世界の核・原子力開発の礎となった戦時の軍事研究だった。

戦後の世界各国が取り組んだ原子力開発も、マンハッタン計画の延長として、つまり主権国家による戦時の兵器開発計画の延長として捉えることができる。戦後の先進国は、核兵器の開発を急ぐと同時に、原発や原子力船の導入を目指したが、両者はともに国家によって推進・競争され、経済性や廃棄物の処理方法、作業員の被ばくなどを度外視したという点で、戦時研究を引きずっているからだ。

二〇世紀に進んだ科学技術の巨大化は、原発以外にも、たとえば石油化学コンビナート、ジャンボジェットと空港、宇宙開発とスペースシャトル、人工衛星などによって社会に定着し、人びとに馴染《なじ》みのあるものになった。その恩恵を完全に否定することはできない。しかし、もはや科学技術を素朴に称揚するだけでは済まされないという認識も共有されるようになっている。自らが生み出した怪物に追い回されて憔悴《しょうすい》したフランケンシュタインのように、二〇世紀の社会は巨大科学技術から生じる不安につきまとわれ、ときにそれと対立するようにもなったからである。

科学の体制化

こうして、戦後日本では科学技術のあり方を批判する思想的営為が始まった。戦後思想史における科学技術批判の脈流を辿《たど》るとき、広重徹《てつ》や中山茂、宇井純、高木仁三郎《じんざぶろう》、吉岡斉などの名前に行き当たる。

まず、科学史家の広重徹の「科学の体制化」という議論を簡潔に整理しておこう。広重は、高等教育機関や奨学金制度、国や企業が設立する研究機関や、そこから出る研究費、さらには科学技術政策の立案と実施のシステムなど、科学を維持発展するための諸制度が社会に定着していることに注目した。もはや科学は既存の社会秩序から離れては存在できなくなったのであり、広重はこうした状況を「科学の体制化」と呼んで批判的に考察した（広重徹『近代科学再考』）。

広重がいうところの「科学の体制化」を、全身で批判した者として高木仁三郎の名前を外すことはできない。高木の経歴は異色である。東京大学理学部を出て、日本原子力事業、東大原子核研究所助手を経て東京都立大学の助教授に就くという経歴が示すように、高木は原子力共同体に身を置く科学者だった。しかし、一九七三年に大学を辞職すると、市民科学者として活動を始める。先に「全身で批判した」と書いたのは、制度を自ら離れて市民科学者を選んだ彼の生き方が、そのまま「科学の体制化」批判になっているからだ。

高木の決断の背景には、次のような課題があった。問題解決や普遍的法則の発見、その応用によって人類の幸福に役立つはずの科学と技術が、むしろ問題を生み出す巨大な体制として機能し、人間にとっての脅威となっている。そうした状況をなんとか変えることはできないかという課題である。

大学を離れた高木は、プルトニウム研究会を主催。一九七五年からは武谷三男《たけたにみつお》らと「原子力資料情報室」の運営にも関わり、原子力問題で積極的な発言を続けながら、「脱原発法制定全国ネットワーク」の事務局長を務めるなど反原発運動を支えた。既存の科学界の外側から、人びととともに批判的な科学のあり方を模索しようとした市民科学者としての活動は、広重らの科学批判の流れに位置づけることができる。

ただし、高木の活動はそれだけにとどまらない。宮沢賢治に親しむエコロジー思想家としての側面があり、また小説という形式で科学技術批判を行うなど、既存の枠組みにとらわれないスタイルが高木の特徴だった。小説についてはのちに触れるとして、まずは「科学の体制化」批判の内実を高木の言葉から探ってみよう。

現代科学は、莫大《ばくだい》な予算と人員を必要とする。そのため、研究者たちは予算獲得を目指すのだが、そこに落とし穴があると高木はいう。

予算を引き出せるどんなテーマを見つけるかに関心が集まる。バラ色の夢を与えた方がたしかに予算もつくわけです。僕はそれを刹那（せつな）主義といってますけど、視野が狭いんですね。もっとも、それを認めてしまうと自分を否定することになる。気がついている人も多いと思うんですが。

（『読売新聞』一九七九年八月六日夕刊）

このように、巨大科学技術の一つのセクションを担当するだけになった科学者は、予算獲得の必要性から、主体性を自ら手放していきかねない。そうなると、科学者は体制内部の一つの歯車になってしまう。そのことを高木は問題視していた。

もっとも、従来の科学者の主体性に問題がなかったわけではない。たとえば、科学者の主体性を説いた武谷三男は、しばしば「科学者に任せておけばよい（政治家は金だけ出せばよい）」という特権的かつ楽観的な科学者像を打ち出した。また武谷は原爆を科学の進歩と見なし、原爆そのものに善悪という基準を適用しなかった。一九一一年生まれの武谷が「主体的」科学者だったことは誰もが認めるところだろうが、その主体性は、アメリカ帝国主義を批判し、それに追随する日本政府を批判することはできても、原爆を生み出した科学技術自体の批判にまでは到達しなかった。従来の科学者の主体性に問題がなかったわけではないというのは、そういう意味である。

高木仁三郎の警鐘

次に、巨大施設の安全性を確かめる方法がないという高木の指摘を確認しよう。

高木は『科学は変わる』などの著作で、科学の実証性が揺らいでいるという問題提起を行った。科学という営みの根幹にある実証性が揺らぐとはどういうことだろうか。

たとえば、原子力発電の安全性は、厳密な意味での実験は不可能である。特定の場所に原発をつくる際、地盤や津波の高さや風向きなど全く同じ条件で原発の安全性を実験することはできない。また、自動冷却装置が原子炉のメルトダウンを防止できるかどうか実験するために、本当に原子炉を爆発寸前に追い込むことはできない（なお、この問題は低線量被ばくのリスク評価にも当てはまる。それについては第四の論点で述べる）。コンピュータを使ったリスクの予測が行われるようになったが、それは実験とは異なるものである。

これを踏まえて、高木は科学が「仮構的」かつ「不確実」になりつつあると述べた。現代の視点から付け加えると、科学的なリスク予測といっても、前提となる条件やデータをどう解釈するかによって、予測は異なってくる可能性がある。また、計算の元となるデータ自体が変わることもあり得る。

ここで問題を安全性に限定しよう。高木はしばしば、宇宙開発計画を例に挙げる。宇宙船の安全性は、かつてシックス・ナインの信頼度といわれた。九九・九九九九パーセントの安全性（九が六つ）を目指すという意味である。ただし、それを達成しようとすると、一つの部品が不具合を起こす確率を一〇億分の一以下に抑えなければならないのだという。しかし、一〇億分の一という確率をすべての部品で確かめるのは、事実上不可能である。つまり、宇宙船の技術については、実証性というよりも確率が問題視されていることがわかる。結局、安全性を部品ごとに解析し、確率を算定するという方法は、宇宙開発計画では採用されなくなった。しかし、その後の一九八六年に、スペースシャトル・チャレンジャー号が打ち上げ直後に爆発したのは誰もが知る通りだ。

つまり、高木が力点を置いたのは、安全性とは究極的には確率の問題に帰するのであり、厳密には実証できない以上、安全性とは観念的なものだという認識である。高木はそういう表現をしていないが、あえて述べるならば、安全性とは一種の「信仰」である。

厳密な意味での実験が不可能な巨大な施設。また、人類の幸福や科学の進歩のために科学者を志した人びとが、気が付けば陥っているセクショナリズムと刹那主義。科学の根幹にあるはずの実証主義で捉えきれない、産業化した「巨大科学」。なぜこうなってしまったのか――高木が抱いた根本的な疑問は、合理性の倒錯という言葉で理解することができるだろう。

合理性の倒錯としての核兵器と原発

ここでいう合理性とは、複雑な自然を計算可能なものとして理解する科学の営みのように、客観的で論理的であることを指している。具体的には、目的に到達するための手段について、誰もが論理的に納得できることを指して合理的と呼ぶことが多い。転じて、経済的に無駄がないことを指して合理的と呼ぶこともある。目的に到達するための手段の合理性という観点からすれば、核兵器と原発は、科学技術という合理性に立脚し、戦争に勝利するという目的やエネルギー安全保障という目的に照らしても合理的手段だとされるが、実は結果的に不合理な存在になっている。

核エネルギーを合理性の倒錯という視点で理解する方法は、国際政治学者の坂本義和によって打ち立てられている。坂本は、近代の科学技術・産業システムが、その極限において自滅的な破壊力に収斂《しゅうれん》するという問題を、近代合理性の倒錯として理解した（『核と人間Ⅰ』）。坂本によれば、近代合理性の倒錯は相互に重なり合う三つの側面を持っている。第一に「目的喪失と手段の自己目的化」、第二に「暴力手段と国家の矛盾」、第三に「自然切除としての科学技術・産業」である。

第一の「目的喪失と手段の自己目的化」は、科学技術が、目的価値を忘れて手段としての確実性を追求した結果、核兵器を生んでしまったという倒錯を指す。

第二の「暴力手段と国家の矛盾」は、「正当な暴力手段」を独占するはずの国家が、核兵器の誕生によって、自らを滅ぼしてしまうという倒錯した条件を指す。

第三の「自然切除としての科学技術・産業」については、次のような事態を指す。それは、科学技術の「合理性」が、もっぱら自然の切除と破壊を通して自然を理解・統御してきたということだ。

以下では、坂本の議論を踏まえながら、合理性の倒錯について説明を加えておきたい。

核兵器について、合理性の倒錯を指摘するのは容易である。そもそも、科学技術の粋を集めた計画が原子爆弾を生んだこと。その数が増え続けて、量的には人類を全滅させることが可能なほどの核兵器を持つようになったこと。これらは合理性の倒錯だと呼べるだろう。一九四五年には核実験分を合わせて六発（広島・長崎までに四発、その後二発）だった核兵器は、異常な速さで増えて、一九八〇年代には七万発を超えた。そこからはずいぶんと減ったものの、二〇二〇年の時点で推定一万三四〇〇発を超える核兵器が世界には存在する。

核兵器の数がこれほどまでに膨れ上がった理由の一つに、冷戦下の核抑止戦略がある。一九五〇年代以降、水爆に比べると相対的に破壊力が小さい戦術核がヨーロッパに配備されるとともに、警戒システムの高度化によって相手の核ミサイル発射直後にそれを察知できるようになった。核抑止戦略はこうした時代の産物だった。核兵器を使えば、直後に相手からの核攻撃の報復があり、対立する双方が確実に完膚なきまでに破壊されてしまうという状態（相互確証破壊）をつくることで、核戦争の防止が可能になるとされた。

さらに、核兵器はいまのところ「全面核戦争」を防止しているが、だからといって平和な世界をもたらしたわけでもなかった。冷戦下では、朝鮮戦争やベトナム戦争など、悲惨な局地的戦争が起こったからだ。また、核兵器でテロリズムを防止することができないのは、歴史が示すところである。つまり、核抑止力が有効に機能しているのは、基本的に核保有国のあいだだけであり、仮に核抑止力が有効だとすれば、核武装を目指す国家が出てくるのも当然である。『一九八四年』で知られる作家のジョージ・オーウェルは、一九四五年に次のように述べている。原爆は大規模な戦争の時代に終わりをもたらすかもしれないが、その代償として私たちが手に入れるのは「いつまでも延長されていく『平和なき平和』の状態」だと（『あなたと原爆』）。

ただし、最大で約七万発にまで膨れ上がった核弾頭の数は、核抑止という考え方だけでは説明できない。軍産複合体が人と金を回し続けるために核軍拡を推進したという要素もあり、そうした説明も可能だ。ただし、より根本的には、米ソが「より多く」「より強く」という志向性を止めることができなかったという要素も考慮に入れるべきだろう。相手を完膚なきまでに破壊できる能力を保持することで戦争を防ぐという目的が仮に「合理的」だとしても、ソ連は約四万発、アメリカは約二万三〇〇〇発もの核兵器を、本当に持つ必要があったのだろうか。不合理は明らかだろう。

合理性の倒錯という視点は、原発と核燃料サイクルについても指摘できる。

原発と核燃料サイクルの場合は管理が困難な廃棄物を次世代に残し、事故時には放射線被ばくというリスクを抱えている。さらに原発と核燃料サイクルは、「計画」を達成するために無理や不正義を重ねてきた。原発は電気を生んだが、とてもそれには見合わないような高すぎる代償を社会は払っているのだ。

以上、核に関わる科学技術によってこの世界が抱え込むようになった合理性の倒錯について、概観した。これを踏まえて以下では、日本社会に対象を定めて、核の時代をより批判的・具体的に考察するための六つの論点を、過去と現在の様々な議論から拾い上げていく。六つの論点とは、第一に開発主義と構造的差別。第二に廃棄物と未来責任。第三に民主主義と管理社会。第四に確率的リスク。第五に男性性と女性性。第六にメディア文化の蓄積である。

2　第一の論点：開発主義と構造的差別

国土開発の思想

ここでいう開発主義とは、国家が主導的役割を果たしながら、経済発展を目指して主として周縁部の工業化を進めることを指している。そもそも「開発　Development」には、「包まれていたものを解き放つ」という語源があり、近代以降は人工的に自然の潜在的可能性を引き出すという意味で使用された（町村敬志『開発主義の構造と心性』）。その点で「科学」と相性が良い概念だといえる。開発主義は、日本では明治以来、政治・経済のエリート層に共有されてきた思想であり、その萌芽を近世以来の鉱山開発に見出すことができるが、全面的に「開発」という言葉で明示されるようになるのは戦後になってからだった。

戦後日本の場合は、高度成長期の国土開発を例に挙げるのがわかりやすい。その基本方針が、「全国総合開発計画」だった。この計画は、国民所得倍増計画に沿って経済企画庁が立案し、一九六二年に閣議決定された。いわば国土開発の「大方針」であり、全国の均衡のとれた開発による地域格差の是正を目指して、国が拠点を指定するというものだった。

こうした「大方針」と並行して、一九五〇年代から六〇年代には国家と民間企業が主導するダム建設や石油化学コンビナートの開発も進んでいた。石油化学コンビナートについていえば、一九五五年、通商産業省（当時）は石油化学工業の育成のために石油企業を指定し、融資のあっせんや輸入関税の引き下げなどを決めた。さらに岩国、徳山、四日市などでは旧・海軍燃料廠《ねんりょうしょう》の土地の払い下げや賃下げも行われた。

国家主導の開発による巨大プラントができれば、当然ながらその地方は振興する。雇用が生まれ、人とモノの流れが生じ、自治体の税収も増えるからだ。しかし、石油化学コンビナートは、大気汚染や水質汚染といった公害を生んだ。このように巨大施設がリスクを備えている場合には、その施設を置くという判断自体が政治的争点となる。

「国益」と不即不離の関係を持つ開発主義。そして、それに基づく巨大施設の設置は、ときとして犠牲を生み出し続ける構造として固定化されてしまう。原子力施設は、原発事故だけでなく、環境汚染や風評被害、各種施設の作業員の被ばくなどの犠牲が生じる。哲学者の高橋哲哉《てつや》は、それを「犠牲のシステム」という言葉で表した。高橋は次のように説明している。

或る者（たち）の利益が、他のもの（たち）の生活（生命、健康、日常、財産、尊厳、希望等々）を犠牲にして生み出され、維持される。犠牲にする者の利益は、犠牲にされるものの犠牲なしには生み出されないし、維持されない。この犠牲は、通常、隠されているか、共同体（国家、国民、社会、企業等々）にとっての『尊い犠牲』として美化され、正当化されている。

（『犠牲のシステム　福島・沖縄』）

高橋は福島と沖縄を念頭に置いている。沖縄の米軍基地の場合は開発主義という側面もあるが、米軍占領から日米安保という安全保障に関わる歴史的な「国益」が先にあり、その後に地域振興などが行われたといえるだろう。

原子炉の設置場所

では、開発主義と構造的差別という問題がもっとも集約的に表れるのはどこだろうか。それは、一定の危険を伴う原子力関係施設の設置場所をめぐる議論と、そこで働く労働者の待遇である。

まずは、原子炉の安全性をめぐる初期の議論から、設置場所に関する科学者たちの認識を取り上げて考えてみよう。

一九五七年一二月、日本原子力発電株式会社は、イギリスから輸入する最初の原発用原子炉の設置場所を茨城県東海村にすると発表した。これを受けて、日本原子力研究所は、東海村の地質や気象の調査を始めた。こうした動きに合わせて、日本では科学者たちが原子炉の安全性をめぐる議論を始める。安全審査に関する指針や法律がまだ整備されていないなか、日本学術会議の原子力特別委員会や、原子力委員会の原子炉安全審査専門部会で議論が起こった。

一九五八年五月、日本学術会議はすみやかな法律制定を政府に要望したが、そうした要望とは別に、同会議の原子力特別委員会は安全性に関する基本見解をまとめている。「原子炉およびその関連施設の安全性について（案）」と題された資料からは、原子炉と社会との関係をめぐる根本的問題がすでにこの時点で意識されていたことがわかる。この資料は『日本学術会議第二六回総会資料綴』として日本学術会議に保管されているものだ。

ポイントは二点ある。第一に、社会的概念としての「安全」。第二に、原子炉の設置場所をめぐる提案である。

社会的概念としての「安全」という論点は、理解しやすいものだが、その先駆性に注目したい。報告資料は、「原子炉およびその関連施設の『安全性』は科学技術的に充分検討さるべきは勿論《もちろん》であるが社会的問題であることを忘れてはならない」と述べている。科学的には絶対安全だとはいえない以上、社会的合意が必要だという見解だ。

第二の原子炉の設置場所だが、これについては若干の説明が必要である。

報告資料は、「原子炉の設置場所は、人口稠密《ちゅうみつ》な地域、重要産業地域、主要河川流域等をなるべく避くべきである。設置場所自体を安全性の重要な要素と見なすべきである」と述べている。ただし、注意すべきことがある。学術会議の報告資料は「茨城県東海村は過疎地だから原発を置いてよい」と主張しているのではないということだ。科学者たちは、東海村に置こうとする国の意向に反対し、もっと人が少なく、もっと都市から離れた地域に原子炉を置くべきだと述べていたのである。

しかし、それでも微妙な問題は残る。原子炉は過疎地域に置くべきだと勧めているに等しいからだ。当時の科学者たちには酷かもしれないが、最大多数の最大幸福のためにリスクを過疎地域に押しつけるという意味では、茨城県東海村を選んだ政治家たちの認識と、より過疎地に置くべきだと主張した科学者たちの認識は、通じる部分がある。「設置場所自体を安全性の重要な要素と見なすべき」というのは、事故時の犠牲者数を減らし、社会への影響を減らすという判断に他ならない。原発導入を決めた日本では、科学者たちも難しい政治的判断を下さなければならなかった。

巨大施設のリスクをゼロにすることができない以上、もし何かあったときに相対的に影響・被害の少ない場所に置く他ない——当時の日本には、原発を拒むという発想はほとんどなかったため、そうした判断がなされたこと自体は不思議ではない。過疎地に原子力関連施設を設置するという科学者たちの判断は、皮肉なことに、戦後日本の開発主義と相性が良かったのだ。

水俣との接続

開発主義と構造的差別とが端的に表れた事例として、水俣病の存在を見逃すわけにはいかない。水俣病は、熊本県水俣で操業していた新日本窒素肥料株式会社（チッソ）の工場から排出されたメチル水銀化合物が引き起こした病である。その背景にある構造を簡潔に整理しておく。水俣病における差別を、水俣病の発覚以前の差別から連鎖するものと捉える視座の重要性は、原田正純『水俣が映す世界』から、栗原彬《あきら》編『証言 水俣病』に至るまで繰り返し指摘され、定説になっている。本書との関わりでは、佐藤嘉幸・田口卓臣『脱原発の哲学』にも詳細な分析がある。

水俣病認定までの流れを概観すると、以下のようになる。

一九五六年五月一日、水俣病が公式確認された。五九年には、熊本大学の研究班が原因は有機水銀と発表。同年、チッソも工場排水が原因だと確認した。しかし、チッソはそれを発表せず、見舞金を支払っただけで、工場の操業を六八年まで続けた。

そもそも、水俣病の発生以前から、チッソの社員や市の有力者たちによる伝統的社会は、漁業従事者とその家族を周縁・下層と見なしがちだった。さらに、発生直後の水俣病は、漁業従事者たちのあいだに広まる伝染病だと思われていた。そのため、魚や海産物を日常的に摂取する漁業従事者とその家族たちは、いわれのない差別を受けることになった。買い物をしてもお金を受け取ってもらえない、隣家が垣根をつくる、といった差別である。これらは、発生以前から存在する差別構造が表面化するとともに、それを補強するものだった。加えて、大人の発病者が出た家族は、共同体の仕事に人を出せなくなり、共同体から孤立しがちになった。治療費の増大による貧困も、差別に追い打ちをかけた。

その後も、水俣病患者とその家族は差別に苦しんできた。その実態を、「水俣病公式確認六〇年アンケート」の回答から確認しよう。アンケートは二〇一六年二月から四月にかけて、朝日新聞社と熊本学園大学水俣学研究センターが患者・被害者の置かれた現状や課題を調査したもので、九〇三三人に質問用紙を送り、宛先不明で届かなかった分を除く八九四八人のうち二〇一六年四月までに二六一〇人から回答があった（『朝日新聞』二〇一六年四月三〇日）。回答者のなかで、自分自身や家族の差別・偏見に関する経験があると回答した人は三〇・五パーセント。その内訳（複数回答）は「馬鹿にされたり、悪口や陰口を言われたりした」を選んだ人が五五・八パーセントだった。

加えて重要なのは、水俣病被害の範囲をめぐる回答である。回答者が「水俣病の被害を受けたと思うとき」として挙げる住所が、水俣市および二〇〇九年の水俣病被害者救済法（特措法）に基づく救済策の対象地域内が計四六・九パーセント。それ以外の地域が半数に達した。この回答は、公害への補償の線引きが不十分であったことを示唆するとともに、そもそも広範囲に及ぶ公害の範囲を確定できるのかという問題を提起している。広島の「黒い雨」による被爆訴訟とも通底する問題だ。

二〇一一年三月末、長年にわたり法廷闘争を続けてきた「水俣病不知火《しらぬい》患者会」が、国・熊本県・チッソと和解し、「水俣病出水《いずみ》の会」など非訴訟派の三団体もまたチッソと解決協定を結んだ。同時に、被害補償などの原資を確保する方策として、チッソの分社化が完了した。

しかし、これで水俣病が終わったわけではない。長年、被害者救済に取り組んできた医師の原田正純は、「差別や偏見を恐れ、いまだに名乗り出られない人や、不知火海沿岸から全国各地に住居を移し、自身が被害に遭ったことに気付いてさえいない人は数万人に上る可能性がある」と述べる（『読売新聞』二〇一一年四月一六日）。
また、原田は水俣では実現できなかった地域住民の健康調査を原発事故があった福島で行い、記録台帳をつくる必要性に言及している。

放射線は全身の影響を考えなくてはならないし、神経症状が主だった水俣病よりも大変です。長期にわたって管理し、体に何か起きたときはすぐに対応する、そういう態勢が必要です。

ただ、それを今やってすぐに何かの結果が出るわけではない。調査したという既成事実だけが先行して、『やったけど、影響はなかった』などと幕引きに利用されないように注意が必要です。また、調査結果が新たな差別につながらないよう十分気をつけなくてはなりません。

（『朝日新聞』二〇一一年五月二五日）

水俣病が示すように公害として表れた開発主義による犠牲は、構造的差別を土台にしながら、常にその土台を強化し、かつ土台をみえにくくするという問題を抱えているといえるだろう。

原発労働者

末端の人々にリスクが集中するという構造は、原発の作業員にも当てはまる。

原発などの原子力関係施設は、正常に稼働しているあいだにも多くの被ばく労働者を必要とする。被ばく線量が基準を上回るとそれ以上は働けないためだ。特に、一年に三カ月ほどある定期点検時には人手が足りなくなる。では実際に危険な作業に従事するのは誰か。それは、電力会社の社員ではなく、電力会社が依頼した元請け会社から何重にも下った下請け会社が集めた労働者たちである。しかし、原発作業員を正規職員として雇用する方策は、電力会社やその子会社の経済的な理由によって実施されない。仮にそれを行えば、原発のコストは跳ね上がるだろう。つまり、原発は、構造的に非正規の被ばく労働者なしには成立しないのだ。

原発作業員の実態に切り込んだのは、ルポライターの堀江邦夫だった。彼は、美浜原発（福井県）、福島第一原発、敦賀《つるが》原発（福井県）で実際に働き、原発での労働の実態を『原発ジプシー』にまとめて、過酷な労働条件を白日の下にさらした。原発労働者には、地元の農家や漁業者もいるが、なかには、都市で集められた日雇い労働者もいた。日雇い労働者のなかには、全国の原発を転々としている者さえいた。堀江は彼らを、流浪の民を指す「ジプシー」という言葉で表現し、彼らの相互扶助や友情などにも頁《ページ》を割いている。

制御室にいる社員・技術者だけでは原発は動かない。原発は被ばく労働者によって動いている。したがって原発がある限り、彼らのような被ばく労働者がいなくなることはない。堀江はそこに注意を喚起したのだった。しかも、一九七〇年代から九〇年代にかけて、原発作業員の労務管理はずさんという他ないものだった。

一九九〇年代に入ると、「原発被曝労働者救済センター」を設立した平井憲夫が、原発作業員の実態を告発する講演活動を始めた。平井によれば、ずさんな業務によって被ばくした労働者がそのことを知らず、また会社もそれを隠蔽したこともあったという。当時は労働者には放射線教育の機会もなく、自分が浴びた放射線量を記録する放射線管理手帳(放管手帳)も持たされていない場合もあった。持たせても紛失してしまうからと、下請け会社の現場監督が一括して預かっていたのだ。

原発災害後に、福島第一原発の廃炉作業員となったマンガ家の竜田一人《たつたかずと》によれば、現在では事前に放射線防護に関する講習があるという。しかし、下請け会社が労働者の放管手帳を預かるという慣行は続いているようで、竜田が自分の手帳を手にしたのは仕事を離れたあとだったという（『朝日新聞』二〇一四年一一月九日）。竜田が自身の体験を描いたマンガ「いちえふ」は雑誌『モーニング』で連載されると大きな反響を呼んだ。

堀江や平井が明らかにしたのは、原発に関わる末端労働者への差別と搾取だったが、竜田はそうした告発とはあえて距離をとり、具体的な作業内容と作業員たちの何気ない日常を描いた。また、竜田のマンガは、強い放射線を浴びるために短時間しか作業できないなかで、現場の作業員たちが創意工夫を凝らす様子が描かれており、ロボットには代替できない人間の営みがそこにあることを伝えており貴重である。

それでも、竜田のマンガからは、堀江の著作や平井の証言と同様に、厳しい労働環境が伝わってくる。線量計を身につけ、防護服を着てゴム手袋をはめ、防護マスクをつける。服やマスクに隙間がないように、ガムテープで目張りし、さらにその上から二枚目の防護服を着る。重装備と密閉によって体温が上がり、めまい、頭痛、吐き気など熱中症の症状は毎日のように出たという。彼らが十分な報酬と待遇と尊敬を得られていないという事実は、ケアワーカーや清掃業者の状況と類似的でさえある。

『火垂《ほた》るの墓』で知られる作家の野坂昭如《あきゆき》は、一九七〇年代末から八〇年代初頭にかけて敦賀、浜岡（静岡県）、東海村の原発を取材した際に、原発労働者の待遇に違和感を持った。「もし本当に原子力発電所がけっこうなものだったら、下請けという不安定な雇用関係に頼らず、払うべきものは払い、健康管理もきちんとして堂々とやればいいのに、それをやってないということです。とても近代産業の粋を集めたとは言えないようなところがある」と感想を吐露している（『朝日ジャーナル』一九八二年六月四日号）。

3　第二の論点：廃棄物と未来責任

野坂昭如の『終末処分』

野坂は雑誌の企画で一九六〇年代後半から日本全国を取材してきた。野坂が関心を抱いたのはゴミである。ゴミ処分場を訪れたときのことを、野坂は次のように回想している。

ぼくはかつて各地のゴミ処分場を訪れた。ゴミ山を前に、言うべき言葉はない。ただいつか、大量生産、大量消費に終わりが来た時、このゴミを懐しく思うだろうと、予感めいた気持を抱いた。

（『終末処分』）

そう語る野坂は、現代文明が終わったあとの遠い未来の視点から日本人が捨てたゴミの山をみている。敗戦後の焼け跡の原風景にこだわり、大量消費時代を批判し続けた野坂にしてみれば、ゴミの山は高度成長期の日本の姿を映す鏡だった。

一九七〇年代の野坂はゴミを通して原子力産業への関心を深めていった。一九七八年には、原子力産業とゴミ問題に題材をとった連載小説「終末処分」を発表する（『小説現代』一九七八年一―三月号）。この小説のなかで野坂は、原発から出た使用済み核燃料を産業廃棄物として捉えている。使用済み核燃料は再処理を前提とするならば、そこからまた資源を取り出すことのできる「資産」になるが、野坂はそうした見方をとらない。ゴミを大量に生み出し、そのツケを次世代へ回す日本社会に疑問を突き付けようとしたのである。

小説『終末処分』のあらすじを確認しよう。

主人公の「高畑」は、かつて原子力産業の中枢で働いていた人物だ。使用済み核燃料の処理についての専門家だったが、その輸送方法をめぐって所属していた組織とことごとく対立して敗れた。居場所を失った高畑は自ら職を辞し、自分を追い出した原子力業界に一矢報いようとするが、何をやっても上手《うま》くいかず、マンションを手放すなど窮地に陥る。失うものがなくなった高畑は、はみ出し者たちと協力して、右翼の大物に矛先を向けた。「ゴミの私怨を晴せばいい、ゴミを果てしなく産み出す都市に、ゴミの立場から逆襲すればそれでいい、いつまでも飼いならされてはいないゴミ魂をみせてやるべきなのだ」。

高畑は、右翼の大物の息子を誘拐して身代金を要求。身代金は、ゴミと一緒にポリ袋に入れて道に置かせた。当然、ゴミ収集車がそれを集めてしまう。右翼の大物は焼却場を止めて金を集めるように指示するが、その際に作業員たちに侮蔑的な態度を示したために、作業員たちの怒りを買う。作業員たちは、収集・焼却の業務を止めてストライキに入る。こうして東京中にゴミが溢《あふ》れ、高層ビルの上にまで腐臭が充満するという結末である。

自らが出したゴミに復讐《ふくしゅう》されるという結末や登場人物の造形から、野坂の十八番《おはこ》である焼け跡回帰の終末願望や、糞尿《ふんにょう》趣味を読み取るのは容易だろう。それに加えて、ゴミという視点で、原発から人間の排泄物《はいせつぶつ》までを串刺しにして文明を問い直そうとした。

ここでは「核のゴミ」に焦点を絞ろう。各原発には、使用済み核燃料を貯蔵する施設があるが、柏崎刈羽《かしわざきかりわ》原発（新潟県）、東海第二、高浜（福井県）、浜岡は、使用済み核燃料の貯蔵容量は限界に近く、さらに青森県六ヶ所村の使用済み核燃料貯蔵プールも、九割以上が埋まっている。さらに、「核のゴミ」のなかでも高レベルの放射性廃棄物は、長ければ一〇万年程度、隔離して管理する必要がある。現在も、多額の補助金をエサに場所を探すという、いつかみた風景が繰り返されている。

他方で、福島第一原発では、溶け落ちた核燃料を冷やすために注水を行っているため、大量の汚染水が生じている。この汚染水はすでに一二〇万トンを超えている。汚染水を保管するタンクが増え続け、二〇二二年ごろには敷地に収まらなくなるという見通しだ。原発災害後の汚染土や瓦礫《がれき》処分の際に起こった問題と根は同じである。一九七〇年代から、原発は「トイレのないマンション」だと揶揄《やゆ》されていたが、その本質は現在も変わらない。

「ゴミをどこに置くか」という同じ問題を、ひたすら繰り返しているのだ。

原発はリリーフ・ピッチャー

そもそも野坂が「核のゴミ」の問題に関心を持ったのは、佐久間稔という人物との出会いがきっかけだった。佐久間稔は一九三〇年生まれ。慶應義塾大学からフルブライト基金でマサチューセッツ工科大学に留学、帰国後は三菱銀行に勤務していたが、一九五四年に日本電源開発に移った。当時の電源開発は、水力以外のエネルギーについても調査・研究を続けており、佐久間は一九五四年夏に、企画部の原子力チームに配属される。このチームは「原子力談話会」と呼ばれ、京都大学湯川秀樹門下の森一久、大阪大学伏見《ふしみ》康治《こうじ》門下の大塚益比古《ますひこ》、立教大学の服部学門下の永原照明などがいた。彼らは皆、日本の原子力産業の黎明《れいめい》期を支えた研究者・実務家たちだ。

佐久間は日本原子力研究所、日本原子力発電など原子力産業で働いたあと、一九六九年からはフランスに本拠を置く多国籍企業「トランス・ニュークリアー社」に移った。同社は、世界で初めて使用済み核燃料の輸送を専門に扱う企業だった。こうした経歴を活《い》かし、佐久間は一九七〇年代から『中央公論』などで言論活動を本格化させる。『わが職業は死の灰の運び屋』を刊行するなど、原子力産業の黎明期を知る論客として知られるようになった。

佐久間は、使用済み核燃料や廃棄物について、人びとの意識の低さを嘆いている。佐久間によれば、人びとが目を逸《そ》らしているのは、核物質だけではない。ゴミ全般についても、人びとの意識は低いというのが、佐久間の理解だった。ゴミを出すほうは無責任に出すだけだが、被害が降りかかると大騒ぎをする。加害者意識はないのに被害者意識だけは強いのだ。

そのうえで、佐久間は野坂との対談で、原発は「リリーフ・ピッチャー」だと述べる。「原子力発電にしても経済成長を夢見たからエースにのし上がったが、実際にはピンチのリリーフ投手に過ぎない。大事故でもあったらノックアウトだ。この辺で経済成長のない時代を考えて原子力発電の役割を考え直す必要があるだろう」というのが、佐久間の主張だった（『朝日ジャーナル』一九八二年六月一一日号）。

未来への責任

さて、ここからは野坂を離れて、未来への責任という論点を考察しよう。未来責任は、一九七〇年代後半からしばしば指摘されていた。原子力施設が生む廃棄物は、子孫が管理し続けなければならない。子孫が管理のためにエネルギーを費やすとすれば、現代の人間は子孫からエネルギーを盗んでいるようなものだ。しかも、子孫はそれを拒めないのだから、未来の世代への強制である。こうした批判が、高木仁三郎や槌田《つちだ》敦《あつし》、津村喬《たかし》らによってなされていた。

前述のように原発が生み出す廃棄物のなかでも、高レベル放射性廃棄物は半減期が一万年を超えるものがある。なかには一〇万年間ほど生物から離れた場所で管理しなくてはならないものもある。一〇万年――それはほとんど想像するのが困難なほど遠い先の未来であり、その未来を予測することは科学の能力を超えている。

その困難は、フィンランドにある放射性廃棄物処理施設「オンカロ」に取材したドキュメンタリー映画『100,000年後の安全』（マイケル・マドセン監督、二〇〇九年）でも触れられている。映画のなかでは、数万年後の人類（あるいは知的生命体）に、「オンカロ」

には猛毒物質が保管されていると伝える方策について、多様な分野の専門家たちが議論している。言語ではなく、イラストや色で警告を与えるために、様々なアイデアが出されていた。数万年後の知的生命体へのメッセージを考える姿は、ほとんどサイエンス・フィクション的な光景だった。

また、島田虎之介のマンガ『ロボ・サピエンス前史』では、放射性廃棄物の管理をロボットに任せる未来社会が描かれた。人類が死滅したあとも業務を続ける孤独なロボットの姿を通して、未来責任の問題を叙情的に描いた佳作である。

核エネルギーの利用は、究極的には一〇万年間、そうでなくても私たちの想像を超える長期間にわたって未来の人びとに危険物質を押しつける。しかし、未来の人間は少なくとも現在においては存在しないのだから、いまの私たちが得できればよい。死んだあとのことは知らない。意識するかしないかは別にして、原子力開発を始めた社会はそうした考えに同意し続けてきたのだ。

4　第三の論点：民主主義と管理社会

金井利博《としひろ》と「核権力」

そもそも、原発を特定の場所に置くという決定は政治家や専門家、電力会社の幹部たちが行っているのであって、一般市民は直接的に関わることができない。デモや請願などの行動や選挙などで間接的に関わることができるが、関与は限定的だといえる。考えてみれば、これは核の民事利用たる原発に限らない。私たちはもはやそれを当然視してしまっているが、核の軍事利用たる核兵器についても、一般市民とは隔絶した場所で決定が行われている。これらの問題を考えるにあたっては、金井利博による『核権力：ヒロシマの告発』という著作が手がかりを与えてくれる。

金井利博は、被爆者報道を切り開いた広島のジャーナリストの一人で、『中国新聞』の論説委員を務めた人物である。金井は、核エネルギーの制御に関わる軍事的・民事的組織の非民主性を把握するために、「核権力」という概念を提起した。

「核権力」という言葉は次のように定義される。「核権力は核兵器の開発、核戦力の展開と行使、核権力の発動とその抑制または停止や廃止をも決定する人間そのものの力」であり、「核権力それ自体は核平和利用と、核戦力の決定との両面にわたる権限」だとする。金井はさらに「新エネルギー資源としての核物質の開発に関係ある国の内外の頭脳・情報・資金・労働・資材・技術のいっさいを網羅《もうら》する」とも述べた。「核権力」という概念の特徴はその網羅性にある。つまり、核エネルギーとそれに付随する生成物に関わるあらゆる人間、あらゆる情報、あらゆる知識を結ぶネットワーク型権力の存在を可視化させる言葉として、金井は核権力という概念を提起したのだ。

核権力という概念は、現代日本社会にも適用可能である。

現代日本は「重要なベースロード電源」として原発を位置づけ、安全保障面でアメリカの核兵器に依存している。日本の原発政策もアメリカの核の傘に入るという方針も、国策として一般市民の生活を根底のところで規定しているが、選挙の争点になることはほとんどない。どちらも一般市民とは隔絶した場所で舵取《かじと》りが行われており、ともすれば「そういうものだから」と諦めてしまいがちな領域になってしまっている。誰が何を決めているるのかよくわからないまま、既成事実だけは積み重なり、動かしがたい現実として人びとを絡め取る網の目のような権力の存在を可視化する言葉として「核権力」はある。

「核権力」という概念が指すものを、より具体的に確認するため、原子力共同体と核抑止戦略に注目しよう。まずは、「原子力ムラ」と呼ばれる原子力共同体を取り上げる。

原子力ムラ

「原子力ムラ」という言葉は、原子力産業に関わる諸アクターの密接性・閉鎖性を批判的に捉えたものだ。原子力産業に関わる諸アクターとは、原子力に関わる政府機関、電力業界、メーカー、大学、学会、政党、労働組合、地元自治体などの原子力関係者を指し、「ムラ」という言葉は諸アクターの凝縮性と閉鎖性を指している。一九九〇年代には「原子力ファミリー」や「原子力マフィア」などと呼ばれることもあったが、二〇〇〇年代に入ると「原子力ムラ」という言葉が定着した。

原子力に関わる政府機関としては、内閣府の原子力委員会、環境省の原子力規制委員会、経済産業省、文部科学省がある。かつては科学技術庁が原子力行政に大きな権限を持っていたが、二〇〇一年の省庁再編により文部科学省に統合されたのを契機に、原子力行政はほとんど経済産業省が一手に担うようになった。さらに経済産業省の外局である資源エネルギー庁の下に原子力安全・保安院が新設されたことにより、経済産業省は原子力の推進と規制の両方を担うことになった（原子力安全・保安院は二〇一二年に廃止され、原子力規制委員会に統合された）。

原子力政策の基本方針は、長らく原子力委員会が作成し改定してきた「原子力の研究、開発及び利用に関する長期計画（原子力開発利用長期計画）」に象徴されてきた。長期計画に基づいて、法令改正や予算編成が行われてきたのである。この長期計画は、一九五六年に始まり、二〇〇〇年までのあいだに八度の改定を経て役割を終えた。その後、原発に関わる基本方針は、二〇〇三年から始まった「エネルギー基本計画」（資源エネルギー庁）と二〇〇五年から始まった「原子力政策大綱」（原子力委員会）に引き継がれた。二〇〇一年の省庁再編と、二〇一一年以後の原子力行政の見直しを受けて、政府機関の統廃合が進んだが、原子力政策が重要な「国策」であるという事情は変わらない。

ここで重要なのは、エネルギー基本計画にせよ、原子力政策大綱にせよ、パブリックコメントというかたちで市民の声を取り入れるシステムが用意されてはいるが、基本的には専門家と官僚が、各方面の利益を調整しながら決めているという点だ。ここには、典型的な専門家支配と官僚支配が表れている。しかし、おそらく専門家も官僚も政治家も、自分たちが独占的に原子力行政を牛耳っているとは思っていないはずだ。彼ら・彼女らはあくまで、決められた手続きに沿って、粛々と仕事を進めているのであり、特定の組織や個人が意思と権力を持って強引に方向を決めているわけではない。にもかかわらず、電力会社・メーカーを儲《もう》けさせ、原発立地自治体を巻き込み、多数の雇用を生み、経済の推進力ともなるという巨大な権力ができ上がってしまっている。これが、金井利博のいう核権力の、原発に関わる非民主的側面である。

核抑止戦略

次に、核兵器による抑止戦略をみてみよう。

抑止戦略についても、金井の議論に踏み込んでみよう。金井は、核抑止戦略への実践的批判として、国際的連帯の有効性を論じている。

核攻撃は必然的に広域的な破壊を生む。そのため、攻撃する側の政治指導者は、核攻撃の対象となる地域の人びとが、ほとんどすべて敵対勢力であることを内外に示す必要があると金井は議論を進める。そして、核攻撃の「大義名分」を掘り崩すための方策として、敵国内のすべての人員は敵対勢力であるという論理を無効にするための民主的なネットワークづくりを提起している。たとえばA国がB国の都市を攻撃するとする。B国の都市に住む人びとのなかに、自国に批判的でA国を支持している人が一定程度存在するということを、A国市民および世界が知っていたならば、A国の政治指導者たちがB国の都市を攻撃する論理は成り立たない。これが金井の「抵抗」論だった。つまり、自他の国民を「一枚岩」の「敵性」から敵、味方、中立と入り乱れた「『まだら』の人口」に変革することが有効ではないかと金井は提案している。そのためには、国境を越えた自由なコミュニケーションとそれによる連帯意識が必要である。

ネットワーク型の「核権力」に「『まだら』の人口」で対抗する――こう書けば、金井の議論が鋭い現代性を有していることが理解できるだろう。金井の議論は、〈帝国〉と〈マルチチュード〉の対比を通して現代世界の権力論を展開したアントニオ・ネグリとマイケル・ハートの構想にも通じるものだ。両者の権力論には、戦後世界が培ってきた体制批判的な思想と運動が息づいていた。

同種の問題提起は、ユダヤ系ドイツ人ジャーナリストのロベルト・ユンクによっても行われていた。ユンクは『原子力帝国』のなかで次のように述べる。原子力産業は専門家や技術者による合理的な制度を伴って社会に根を張るが、その過程で民主主義的な権利が掘り崩されてしまう。したがって原子力産業に反対することは、たんに健康や環境のための闘争にとどまらず、自由のための闘争である、と。

ユンクの警鐘は、決して杞憂《きゆう》ではない。原子力産業は軍事転用可能な機微技術を扱っており、さらにテロリストに流出させてはならない核物質を運搬・貯蔵している。そのため一定の監視体制は現実に構築されている。これはマンハッタン計画以来の問題だといえるが、ここでは現代的な例を挙げておこう。二〇〇一年一〇月、電気事業連合会は原発の見学者の扱いに関するガイドラインを改定し、見学申込者の名前を警察に照会するとした。また、警察や海上保安庁による原発の警備体制も整えられている。

つまり、金井やユンクの核をめぐる議論は、核が民主主義や市民的自由とは本質的に相《あい》容《い》れないことを指摘するものだった。事実、反核運動や反原子力の運動は、民主主義や市民的自由を手にするための運動として理解されることもあった。

もっとも、日本ではユンクの紹介以前から、エネルギー問題を民主主義という視点で捉える議論が存在した。評論家の津村喬は一九七七年に「エネルギーの問題とは、要するに自治の問題であり、体制を拒否する『われわれの権力』を生活それ自体にうちたてる問題だ」と述べている（「『原発政治』の神話と現実」）。ある地域では水力と風力を、またある地域では太陽熱や地熱を、条件に応じて組みあわせ、住民と技術者が結びつきながらエネルギーを少しずつ掌握していく。そしてそれによって、原子力共同体の権力が及ぶ領域を次第にせばめていく。それが一九七七年の時点で、津村が思い描く未来像だった。

管理社会「プルトピア」

さて、一九八〇年代以降も科学批判・原子力批判を続けた高木仁三郎だが、一九九四年には、異彩を放つ著作を上梓《じょうし》している。『プルトニウムの未来』（岩波新書）である。これは、フィクションの形式を借りて核燃料サイクルが実現した二〇四一年の未来社会を描いたものだ。岩波新書のラインナップにフィクションが入るのはほとんど前例のない試みだった。

　執筆依頼を受けた当初、高木が想定していたのは「現代プルトニウム情報」とでもいうべき啓蒙《けいもう》書だったが、もっとも重要な問題が欠落していることに気が付いた。それは、プルトニウム計画の未来を、国家、社会、世代責任論との関係で考察するという問題だった。未来への構想が重要なのに、誰も本格的に未来を論じようとはしない。そこで高木は、五〇年後の未来から現在を照射するために、フィクションの形式を借りたのだという。

　作品に描かれる未来の日本は、高速増殖炉、再処理工場、核燃料加工工場を一体化させた「しゃか」という設備を持っている。三つの施設はパイプでつながっており、プルトニウムを封じ込めたと関係者たちは誇っている。「しゃか」は巨大なドームに覆われており、もし事故が起こってもドームで食い止められるという設計になっている。さらにドームの周辺は管理区域となっており、厳重なセキュリティー・チェックがあり、超小型の監視ロボットが飛び回っている。未来の日本社会では、この地域全体が「統合プルトニウムパーク（IPP）」と呼ばれていた。この設定には、プルトニウムの管理が、人間の管理に帰結するという高木の認識が表れている。
『プルトニウムの未来』に描かれた未来社会では、プルトニウム利用の推進者たちはいかなる思想を持っているのだろうか。以下、責任者の博士が演説をする場面を引用しよう。

何回も消え入りそうになったプルトニウムの火が、先輩たちのたいへんな努力によって、この日本でとにかくも守り継がれ、プルトニウムの夢に賭けるアジア太平洋の人びとの大きな期待に励まされて、一〇〇年にしてようやく、パークの実現という歴史的な一歩のスタートを切ったのです。

これはもう、目先のエネルギーがどうこう、経済性がどうこうという問題ではなく、いわば哲学の問題であり、文明思想の問題であります。石油にせよ、石炭にせよ、太陽エネルギーにせよ、私たちはこれまでエネルギー資源を自然界の恩恵に頼ってきました。ウラン資源に頼る原子力も例外ではありません。

しかし、プルトニウムは——一定の留保条件はつきますが——、基本的に人間がつくり出したエネルギー資源であり、ここに革命的な意味があるのです。（中略）これからは、私はこのパークにプルトニウムの理想郷をめざす場として、プルトピアという愛称を与えたいと思いますが、いかがでしょうか。

プルトピア万歳！

（『プルトニウムの未来』）

この演説の場面は、たんに空想の未来を描いたものではなく、一九九四年当時の日本社会におけるプルトニウム利用の推進者の姿を下敷きに、その行き着く先を描いていた。引用文中には、これは哲学の問題だという言葉があるが、それは高木が実際に耳にした言葉だったからである。高木は一九九三年三月一九日に行われた国際シンポジウム「プルトニウム――日本の選択」で、当時の科学技術庁核燃料課長が、「プルトニウムの問題は目先のエネルギーを何でまかなうかの問題ではなく、哲学の問題である」と明言するのを聴いたという。

では、高木が描いた「プルトピア」はユートピアなのだろうか。

当然ながら、そうではない。「プルトピア」の破綻は、放射性廃棄物から始まる。「プルトピア」では、低レベルの放射性廃棄物を地層処分に、高レベルの放射性廃棄物を太陽に処分している。高レベルの放射性廃棄物は、まず月の近くにある宇宙コロニーに送られ、そこから無人ロケットに積んで太陽に打ち込むという処分を行っているのである。これは「ゼウス計画」と呼ばれていた。高速増殖炉から出た廃棄物を宇宙ロケットによって処分するという設定は、二〇世紀を代表する二つの巨大科学技術の結合を思わせる。

さて、主人公が事故の確率に言及すると、ロケットが故障して地球への落下軌道に乗る確率は、どう高く見積もっても一〇〇〇万分の一以下だと説明される。さらに迎撃ロケットも配備しているため、地球に落ちる確率は一〇〇億分の一以下だとされる。

しかし、ここからがSFめくが、コンピュータ制御システムを司《つかさど》る人工生命が単調な仕事に倦《う》んで「自殺」を図る。高レベル廃棄物を載せたロケットが地球に向かって落ちてくるのだ。ある登場人物は最後に次のように吐露する。

誤りやすい人間が、高速増殖炉や廃棄体ロケットのような絶対を要請されるテクノロジーを支配する。そんなことが、いったいできるのだろうか。また、核兵器物質であるようなプルトニウムに大幅にエネルギーを依存し、その完全な管理を実施することができるのだろうか。

　この問題を私たちは、プルトピアをつくることによって克服しようとした。プルトピアに核物質も放射能も情報も、ということは結局人間も閉じこめることによって実現しようとした。しかし、C・C（封じこめコミュニティ）は、プルトニウムにとっての王国ではあっても、人間にとってのユートピアではとうていありえなかったのです。

（『プルトニウムの未来』）


　やや長くなったが、以上が高木によるディストピア小説『プルトニウムの未来』の筋書きである。ここで注意しておきたいのは、「プルトピア」が必ずしも絵空事ではなく、むしろ原爆を開発・製造したマンハッタン計画や、日本の原子力共同体の要素を組みあわせて構想されたと考えられるということだ。その特徴は、厳格な管理体制と経済合理性や労働者の安全などの、本来であれば重視される要素が大目標に従属するという不合理である。

　高木は「あとがき」で、「私たちの世代責任の問題と、コンピュータ管理型テクノロジー社会の未来」を読者に提起したかったと述べている。未来への責任という問題は、原発災害後の日本でもしばしば提起された。また、管理型テクノロジーの問題は、前述した金井利博のネットワーク型の「核権力」という発想とも接点を持つ。未来への責任も、管理型テクノロジーの問題も、核と社会の関係を根本的に考察する際に浮上する課題であるといえるだろう。

5　第四の論点：確率的リスク

東電の不作為

ウルリッヒ・ベックは『危険社会』のなかで、科学技術とグローバリゼーションとが社会にリスクを与えていると述べる。巨大化した科学技術は、結果的に環境汚染や遺伝子組み換え作物、放射線被ばくや金融工学を駆使した金融商品のように、多様なリスクを生み出した。科学技術の影響は、たとえば気候変動や原発事故をみれば明らかなように国境を越えて広がる。また、気候変動でも放射線被ばくでも経済対策でも、およそなんであれ専門家の意見が対立していることが示すように、それらのリスクは、思想や科学に代表される人間の知の範囲を超え出している部分がある。リスクは正確に予測することはできず、確率論的にしか語ることができない。不確実ではあるが、起こったときには深刻な影響を与えてしまう。そうしたリスクを内在する社会、それがリスク社会である。

ベックは一九八〇年代以降をリスク社会と呼んでいるが、社会に内在する確率的リスクの問題は、核時代の特徴として理解可能であり、八〇年代に限定する必要はないと思われる。

では、確率的リスクに、どの程度まで対応するべきなのだろうか。ここで、安全は社会的概念だという認識を思い出しておきたい。公共性の高い電力事業については、情報公開と地域社会との合意を経て、リスクへの対応を繰り返しチェックする他ないであろう。しかしながら、「対応しない」という選択肢を選んだのが東京電力だった。

元東電会長らへの刑事裁判が、二〇一七年六月に始まった。裁判の争点は、巨大な津波を事前に予測することが可能だったかどうか、だった。三七回の公判を経て、東京地裁は二〇一九年九月に旧経営陣三人に無罪判決を出した。裁判資料として提出された東電内部の議事録やメールからは、津波地震のリスク対応が議論されていたこと、東電が具体的な対策を先延ばしにし続けた姿が浮き彫りになる。

元東電幹部らの刑事裁判については、科学ジャーナリストの添田孝史《たかし》による検証がある（「東電の『悪質さ』に目をつぶった日本学術会議報告」および『東電原発裁判』、『原発と大津波』）。以下、添田の検証を踏まえたうえで、東電が再三にわたって津波対策を先延ばしにしてきた経緯を整理しておく。

まずは、巨大津波への対策が、繰り返し提起されていたことを確認しよう。

二〇〇二年七月三一日、文部科学省の地震調査研究推進本部は、福島県沖でマグニチュード八・二前後の地震が起こる可能性があると発表していた。地震調査研究推進本部とは、一九九五年の阪神・淡路大震災後に新設された組織で、地震防災対策の強化、特に地震による被害の軽減に資する地震調査研究の推進を「基本的な目標」にしていた。福島県沖でマグニチュード八・二前後の地震が起こる可能性を指摘した報告は、原発災害後に改めて注目されることになる。

また、二〇〇四年に起こったインドネシア・スマトラ島沖地震を受けて、津波による原子炉への浸水リスクに関する議論も始まっていた。二〇〇六年一月には、原子力安全基盤機構（ＪＮＥＳ）や原子力安全・保安院が勉強会を立ち上げ、福島第一原発の五号機や女《おな》川《がわ》原発（宮城県）の二号機など五基の原発に注目し、巨大津波への対策の検討を開始した。

さらに、二〇〇六年九月には、原子力安全委員会が耐震設計審査指針を改定したが、改定された指針では「極めてまれではあるが発生する可能性があると想定することが適切な津波」についても対策が必要だと明記している。指針の改定以前に建造された原発であっても、この指針に適合するかどうかの再検討（これをバックチェックと呼ぶ）が保安院から求められた。

こうした動きを受けて、東電の子会社「東電設計」が二〇〇八年三月に津波の高さの試算結果を東電に報告している。マグニチュード八・二の地震が起こった場合、福島第一原発を襲う津波の高さが、一五・七〇七メートルになるという試算だった。その根拠となったのが、前述の地震調査研究推進本部の報告書である。一五・七〇七メートルという津波の高さは、原発の敷地に海水が入り、電源喪失が起こりうる規模だった。これに対応するならば、防波堤などの建設費が数百億円となり、長期間にわたる工事が必要になる。

しかし、東電の武藤栄原子力・立地本部副本部長（当時、のちに副社長）は、二〇〇八年七月三一日、津波地震の評価について土木学会に検討を依頼するように指示している（東京第五検察審査会による平成二七年七月一七日付の議決書）。これは一見すると妥当な対応にみえるが、必ずしもそうとはいえない可能性がある。なぜなら、土木学会の津波評価部会は、電力業界の強い影響下にある組織だからである。添田孝史によれば、土木学会津波評価部会の費用を負担しているのは電力会社であり、東電はその幹事として学会の場を取り仕切ってきた。また、二〇〇七年の時点で、津波評価部会の委員と幹事三一人のうち、一三人が電力会社、五人が電力関連団体に所属していたという（『原発と大津波』）。もっとも、二〇〇八年の時点での委員と幹事のうち、電力業界関係者が何人所属していたのか、著者には判断できない（当時の委員と幹事の名前は土木学会原子力土木委員会のホームページ〈HP〉で確認できる）。

仮に、土木学会の津波評価部会が東電の意向に配慮するような組織だったとすれば、そこに検討を依頼することは不適切である。あるいは仮に、東電の意向に配慮することのない組織だったとしても、東電が地震調査研究推進本部の長期評価に沿った津波対策をすみやかに行わず、改めて土木学会に検討を依頼した理由については、巨額の費用がかかる津波対策をとるという決定を先延ばしにしたかったからだと理解できるだろう。したがって、土木学会の津波評価部会の性質がどうであれ、そこに検討を依頼するという東電の対応が適切であったかどうかについては、大いに疑問があるといわざるを得ない。

他方、東北電力は、八六九年に起こった貞観《じようがん》地震に関する研究の知見を取り入れて、既存の原発の耐震安全性を再評価し、二〇〇八年一一月に原子力安全・保安院に提出する報告書を作成した。その報告書の計算では、貞観地震と同規模の地震が起これば福島第一原発の非常用海水ポンプなどが水没し機能しなくなる可能性があった。しかし、東京電力は東北電力と調整して、上記の報告書を書き換えさせた。

極めつけは、東日本大震災の直前、二〇一一年三月七日の出来事だ。この日、東電は保安院の耐震安全審査室長から、迅速な対策をとるようにと指導されていた。以上の例が示すように、地震と津波への対策を講じる機会はあった。にもかかわらず、東電は有効な対策をとらず、対応を先延ばしにし続けたのだった。

原発には、非常に多数のアクター（地域住民、専門家、企業、行政）が関与しており、それゆえ個人の責任を追及する司法制度では測りきれない部分がある。そのため、責任追及をすればするほど、たとえば「東電執行部がリスクを想定できたのかどうか、対策をとったのかどうか」に問題が限定されていく。それを端的に示すのが、二〇一二年に公表された「国会事故調査報告書」であり、二〇一九年九月に無罪判決が出た東電の旧経営陣への刑事裁判である。責任を追及すればするほど、法的責任の対象が狭まる。また、それが報じられれば報じられるほど、本来は地域住民や電力消費者などが社会的に共有すべき道義的責任の範囲が、一部の「責任者」のものへと切り縮められていく。結果的に、かえって諸アクターの責任が意識されにくくなるという難問が、そこにはある（井口暁《さとし》『ポスト3・11のリスク社会学』）。

他方で、損害賠償を求める裁判の控訴審では、仙台高裁が二〇二〇年九月に国と東電の責任を認める判決を出した。判決は、国の責任を東電の二分の一としていた一審を見直し、国は東電と同等の責任を負うと結論した。原発災害をめぐる損害賠償の訴訟は各地で続いているが、国の責任を認める初の高裁判決だった。

裁判の結果はどうあれ、東京電力は、起こる確率が少ないリスクに対応し、金と労力をかけて防止策を講ずることを怠った。なぜそんなことが可能だったのか。

経営責任を持つ幹部たちのあいだに、自分の在任期間中には防止策に予算を割きたくないという無責任体質があったことは否定できないだろう。予算の問題は、マクロな観点からいえば、軍事と密接に関わる核技術を民営化したために、安全対策に市場論理という名の損得勘定が入り込んだ帰結でもある。また、起こる確率が非常に少ない「想定外」の事象については、対策をとらなくても責任を問われないと東電幹部は考えていたのではないだろうか。

低線量被ばくのリスク評価と「確率」

原発災害後、日本政府は国際放射線防護委員会（ＩＣＲＰ）による緊急時の基準（年間の放射線量二〇―一〇〇ミリシーベルト）に基づいて、年間二〇ミリシーベルトを目安に避難を促した。発災以前には、日本は平常時の公衆の線量限度を年間一ミリシーベルトに定めていたため、事故により二〇ミリシーベルトにまで基準を「緩和」したと受け止められた。「緩和」と呼ぶかどうかは評価が分かれるものの、基準値が引き上げられたことは広く知られた事実である。

低線量被ばくを考えるうえで重要なポイントは、低線量被ばくと晩発性障害の可能性とのあいだに、明確な因果関係を指摘できないという点にある。高線量被ばくであれば、それ以下では障害が起こらない線量（閾値《しきいち》）があるとされ、それ以上の線量では急性障害が起こり、人体に皮膚障害や骨髄障害などの「確定的影響」を与える。しかし、低線量被ばくの場合は放射線を受けてから数年後（あるいは数十年後）に何らかの健康被害が出たとして、その原因が低線量被ばくにあったのかどうか、確定することはほとんど不可能である。被ばく以外の他の要因によって、健康を害した可能性が否定できないからだ。低線量被ばくが、健康被害を生むかどうかは確率的な問題だと理解できる。したがって、「原子放射線の影響に関する国連科学委員会（ＵＮＳＣＥＡＲ、以下「国連科学委員会」と略記）」とＩＣＲＰは、晩発性障害の確率的影響について閾値が存在しないという仮説を採用している。他方でＩＣＲＰは「この仮説は放射線管理の目的のためにのみ用いるべきであり、すでに起こったわずかな線量の被曝についてのリスクを評価するために用いるのは適切ではない」としている（原子力技術研究所　放射線安全研究センターのＨＰより）。結局のところ、統計学的手法の限界（サンプル数）や関連する疾病の問題（たとえばガンの要因は多様）から、低線量に於ける放射線に関連した罹患《りかん》増加について明確な証拠を示すことは極めて困難だというのが定説となっている。

これは、かつて武谷三男らが提起した「がまん量」説を思わせる。武谷らは『原子力発電』（武谷三男編、岩波新書、一九七六年）のなかで、放射線被ばくについて「がまん量」という概念を提示した。閾値が科学的に証明されないのであれば、「どの程度の放射線量の被曝まで許すかは、その放射線をうけることが当人にどれくらい必要不可欠かできめる他にない。こうして、許容量とは安全を保障する自然科学的な概念ではなく、有意義さと有害さを比較して決まる社会科学的な概念であって、むしろ『がまん量』とでも呼ぶべきものである」と武谷らは主張した。

低線量被ばくによって健康被害が増えるかどうか。結局のところ科学的にイエスかノーかを断言することはできない。震災後に頻繁に耳にしたように「直《ただ》ちに健康に影響はない」ということになり、長期的な影響については、確率的なグレーゾーンを各人が判断する他ない。

ただし、非常に低い確率であっても、それを望んでもいないのに押しつけられれば、精神的なストレスは生じる。精神的なストレスもまた、数値化できない問題だ。そして、確率的なリスクは、誰にでも平等に配分されるわけではない。社会構造の下位により多く配分されるのではないか。ここにおいて、低線量被ばくのリスク問題は、第一の論点であった構造的差別の問題に接続することになる。

さらに、構造的な差別とは別に、広島・長崎の被爆者への差別が生じたことを歴史は教えている。被爆者たちがこうむった就職・結婚差別の他、地域共同体から原爆小頭症の子を隠さねばならなかった親の事例が存在する。低線量被ばくについて、晩発的な障害の確率的可能性が少しでも残るのであれば、それを避けようとする行為は合理的だといえる。なぜなら、たとえ低線量被ばくによる健康障害のリスクが生活習慣による健康疾患のリスクより小さいとしても、文化的に蓄積されてきた放射線への不安を考慮すれば、低線量被ばくを恐れるという個人の感覚・判断を否定することは、自由主義および個人主義の価値観に背くからだ。

欠如モデル

放射線のリスク評価をいっそう複雑にしているのは、科学知および科学者と社会との不均衡な関係だ。

科学知が社会に普及する際に、主導的な役割を果たすのはいうまでもなく科学者・専門家だ。確かな知と情報を持っている科学者と、そうではない市民という対比を前提にして、科学者は市民を「善導」できるしそうすべきだというコミュニケーション・モデルが、科学者と近代市民社会の関係として長らく定着してきた。このコミュニケーション・モデルは、近年では「欠如モデル」と呼ばれ、批判的な考察の対象になってきた。

代表的な批判として、宗教学者の島薗《しまぞの》進の議論がある（「被災者の被るストレスと『放射線健康不安』」）。島薗が問題視したのは、首相官邸のHPに掲載された原子力災害専門家グループによるコメントである。ここでは、一例として長崎大学名誉教授の長瀧《ながたき》重信による二〇一五年二月三日付の記事「放射線の健康影響に関する科学者の合意と助言（2）：今こそ、日本の科学者の総力の結集へ」をみておこう。

長瀧は、国連科学委員会による報告書「二〇一一年東日本大震災後の原子力事故による放射線被ばくのレベルと影響」（二〇一三年報告書）を重視している。二〇一三年報告書は、原発災害による放射線の生物学的・医学的影響は発見されておらず、将来も認識可能な程度の疾患の増加は予測されていない、と述べた報告書だ。

この報告書を踏まえて、長瀧は「『放射線の影響はわからない、低線量被ばくの影響には不確実なところがある』という感覚からくる恐怖や、放射線から逃れるための避難生活などの具体的な影響により、精神的にも、肉体的にも、多くの被災者が苦しまれているのが現状です」とする。こうした認識に立つ長瀧は、影響力のある週刊誌で次のように述べた。

年間1ミリシーベルトと主張する人たちには、何が起きるから怖いのか科学的に言ってもらいたい。言えないなら、幽霊が怖いというのと同じじゃないか。幽霊はわからないから怖い。放射線も1ミリシーベルトで何が起こるかわからないから怖い。まったく同じ論理です。

（「御用学者と呼ばれて」『週刊新潮』）

長瀧の発言はあくまで一例であり、こうした認識は首相官邸のHPに掲載された原子力災害専門家グループによるコメント群の随所に見受けられる。個人が感じる恐怖感は科学的知見の前に切り捨てられる。ここに、怖がる側を問題化できない従来の「欠如モデル」の限界が露呈した——というのが、島薗の議論である。

島薗の議論を本書の問題意識に沿っていい換えると、次のようになる。つまり、すでに述べたように放射線リスクは、健康被害とその原因との因果関係を厳密には証明できず、社会的合意が成立していないことを特徴とする。したがって、リスクが不可視化されやすく、「リスクと感じるかどうか」「それへの対処法」は個人の受け止め方に委ねられるという傾向が強い。そうした確率的不確実性があるために、恐怖や不安を払拭することが困難なのである。

6　第五の論点：男性性と女性性

ジェンダーと核

ジェンダーの視点から核エネルギーと社会の関係を批判的に考察した人物に、ブライアン・イーズリーがいる。イーズリーは、『魔女狩り対新哲学』で近代科学から女性が排除される過程を解明した科学史研究者として知られる。

イーズリーは『性からみた核の終焉《しゅうえん》』で、科学者たちの言説に注目し、そこに表れた男性性を手がかりに、核兵器開発とその後の核開発競争を分析した。核に関する言説や表象を直ちに男性の性的能力に結びつける議論が目立つなど、その手法には再考の余地があるが、「理性としての男性性が女性的な自然を支配・開発する」という要素が科学を駆り立てていくという彼の指摘は、核に関わる科学技術がジェンダー的には中立ではないことを指摘しており貴重である。

イーズリーは科学技術としての「核」をジェンダーの視点から論じたが、彼の問題意識は科学技術だけでなく、核に関わる表象全般にも適用可能である。ここではその一例として、核兵器の負の側面を体現した女性被爆者のメディア表象を挙げておこう。女性被爆者が恋愛の途上で放射線障害により命を落とすという「悲劇の物語」は、戦後日本の大衆文化のなかで頻繁にみられたからだ（山本昭宏『核と日本人』）。

いずれにせよ、ジェンダーという論点は、反核運動史・反原発運動史を振り返る際にも避けては通れない。

近代社会は公的領域を男性に、私的領域を女性に配分したが、「私」的領域を担った女性たちが、「公」的領域の反核運動史において、しばしば大きな役割を果たした。性別役割分業によって、女性たちのほうが男性に比べて日中に運動の時間を融通できたという側面はあるにせよ、彼女らの運動は核時代を批判する鋭い指摘を伴って盛り上がったのである。

原水爆禁止署名運動と反原発ニューウェーブ

女性が前面に出た反核運動・反原発運動の盛り上がりは二回あった。

第一の大きな波は、一九五四年から翌年にかけての原水爆禁止署名運動である。第五福竜丸を筆頭に多数の漁船が放射性降下物を浴びた一九五四年三月一日のビキニ事件を受けて、東京・杉並区の女性たちが動き始める。すでに杉並婦人団体協議会という組織で活動していた女性たちは、五月九日、国際法学者で元東京帝国大学法学部教授の安井郁《かおる》を議長とする水爆禁止署名運動杉並協議会を結成、署名運動を牽引《けんいん》した。主婦たちがいち早く動いた要因は、船員の被ばくをもたらした水爆実験への人道的な怒りであり、署名運動が広まったのは、汚染食品が食卓に並ぶことへの拒否感だった。署名運動は大きなうねりとなり、翌年の原水爆禁止世界大会へとつながった。戦後もっとも巨大な反核運動だった。

第二の盛り上がりは、一九八六年のチェルノブイリ原発事故後の反原発運動である。チェルノブイリ後の日本の反原発運動は、女性と若者たちが積極的に参加し、政党や平和団体などの既存の組織に加えて、女性や若者たちの社会運動が目立った。女性や若者たちの運動は「反原発ニューウェーブ」と呼ばれて注目されたのである。詳しくは次章で述べるが、ここでは女性性に関わる二点を確認しておこう。

第一に、「いのち」への感受性である。この時期の反原発運動のなかで話題になったブックレットに、甘蔗珠恵子《かんしやたえこ》『まだ、まにあうのなら：私の書いたいちばん長い手紙』（地湧社、一九八七年）がある。このなかで、甘蔗は「母なるものの本能」という言葉を使って、独特の生命重視の姿勢を打ち出している。安藤丈将《たけまさ》によれば、それは「反原発ニューウェーブ」におけるエコ・フェミニズム的な言説の一例だという（『脱原発の運動史』）。

エコ・フェミニズムとは、エコロジカル・フェミニズムの略称である。複雑な概念だが、女性と自然の親和性を重視し家父長制的な世界観にとらわれた従来の哲学や科学などの知的枠組みが、自然からの搾取を前提にしていることを批判する思想を指す。エコ・フェミニズムは次のような認識の構図を提示した。理性的、能動的、競争的な「男性原理」に対して、自然的、受動的、平和的原理としての「女性原理」を置くという理解である。こうした構図はフェミニストのあいだでも論争を招くことにもなった（大越愛子『フェミニズム入門』)。

第二に、抗議行動の様態である。女性たちの抗議活動のあり方は異例づくしだった。一九八八年一月に高松で行われた伊方《いかた》原発(愛媛県)の出力調整試験反対運動では、色とりどりのはっぴを着た女性たちが太鼓の音に合わせて飛び跳ね、その周囲にはその女性たちの子どもが、反原発のメッセージの入った服を着て遊んでいる——そうした祝祭的な空間を女性たちは楽しみながらつくっていった。

両者の特徴がもっともわかりやすく表れたのが、一九八八年八月一日から八日に八ヶ岳山麓で開催された集会「いのちの祭り」である。参加者が各自テントに寝泊まりして、八日間の長きにわたって開催された一種の野外フェスである。広い会場では、シンポジウムや講座、音楽コンサート、展覧会などが開かれた。参加者は八〇〇〇人といわれる(『反原発の思想史』)。八〇〇〇人だったかどうかは確かめようがないものの、数字の八を並べるという遊びのセンスと、「いのち」という言葉には、反原発ニューウェーブの特徴が集約されていた。

「女人禁制」のプルトニウム加工工場

女性が前面に出た反核・反原発運動を確認したが、次に原子力産業におけるジェンダーの問題を取り上げたい。一九七六年七月一三日から『朝日新聞』で連載が始まった「核燃料　探査から廃棄物処理まで」という一連の記事がある。朝日新聞科学部の大熊由紀子が執筆した記事で、当時の『朝日新聞』の原発容認の姿勢を表す連載として一部で問題視された。それについては次節で確認するが、ここでは大熊が書き残しているあるエピソードに注目したい。

大熊は一九七二年春に、茨城県東海村に動力炉・核燃料開発事業団のプルトニウム加工工場を取材した際、「ここは女人禁制」ですといわれたという。放射線を浴びるからではない。担当者は「女の人が工場のなかにはいって来ると、男の作業員たちの気が散ります。もし、それがもとで事故でも起こったら……。刀工だって仕事場に女は入れません」と述べたという（『朝日新聞』一九七六年八月一〇日）。

大熊は、科学技術庁長官と原子力委員長を兼任した近藤鶴代が研究段階の加工工場に入ったという前例があると食い下がった。すると、「あ、あの方は、お年ですから。それでもモンペをはいていただきました」と返ってきた。押し問答の末、大熊は黒ズボンと黒の上着という男装での取材が許可されたという。一九七六年の取材時には、もう女人禁制とはいわれなかったというから、これは一時的な対応だったのかもしれない。

このエピソードが興味深いのは、プルトニウム加工工場の担当者が、気が散るという表現を選び、さらに刀工の例を持ち出していることだ。そこに、安全性が要求される高度な作業は男性のみで行うべきだという差別的な職業意識を見出すことができる。しかし、当時の社会の性別役割分業意識からくる「これは男だけの仕事だ」という職業規範だけでは、このエピソードを説明できないだろう。また、過酷な原発労働も男性ばかりの職場だが、原発労働の男性性とも異なる。

プルトニウム加工作業が、刀工のようにある意味で「神聖視」されている点にこのエピソードの本質がある。大熊が記事に書き残しているような「女人禁制」が、当時の原子力施設でどの程度共有されていたのかはわからない。それでも、核に関わる男性的な精神主義や特権意識（あるいは一種の神秘主義）が、一九七〇年代のプルトニウム加工工場にまで生き延びていた可能性は否定できないだろう。

7　第六の論点：メディア文化の蓄積

マス・メディアのキャンペーン

広島・長崎の体験が繰り返し報じられ、学校教育でも定着していることから、日本では原水爆の破壊力は誰もが容易に想像できる。また、放射線被ばくの健康リスクについても、日本では比較的よく知られている。

人が放射線被ばくを恐怖するのは、誰かが直接「怖がりなさい」と指示するからではない。それらはあくまで情報に過ぎず、それらの情報とメディア文化を通して社会に蓄積されたイメージとが結びつき、その結びつきを各人が想起することで、人は恐怖するのだ。そう考えたとき、メディア文化が果たす役割は大きい。それは恐怖だけでなく、期待や希望などポジティブな感情についても当てはまる。

ここでいうメディア文化という言葉は、文学や映画、マンガだけでなくジャーナリズムの傾向も含んでいる。

一九五〇年代の新聞各紙は「原子力平和利用」の大キャンペーンを展開した。もっとも有名なのは『読売新聞』だ。『読売新聞』は、一九五四年一月一日から二月九日まで全三一回に及ぶ連載記事「ついに太陽をとらえた」で、「平和利用」の啓蒙記事を掲載し始めていた。この連載は、放射線の発見、核分裂の発見から、日本への原爆投下、戦後世界における核エネルギー研究の進展までを通時的に解説するというものであり、戦後日本の科学報道の嚆矢《こうし》となった。

新聞でのキャンペーンと並行して、「平和利用」を啓蒙する展覧会や博覧会が全国で開催された。一九五四年八月一二日から二二日まで、読売新聞社が主催し、新宿伊勢丹を会場に「だれにもわかる原子力展」を開催している。一九五五年一一月一日からは、原子力平和利用博覧会の全国巡回が始まっている。この博覧会には各地の新聞社が関わり、「平和利用」キャンペーンは本格化していく。東京の日比谷公園で開幕した原子力平和利用博覧会（読売新聞社主催）は、総計二六〇万人を超える入場者を記録した。

日本に研究用の原子炉さえない段階でのキャンペーンは、ある意味では無邪気なものだったが、原発が稼働し始めた時代にも、核エネルギーの利用に関するマス・メディアのキャンペーンは行われている。

なかでも有名なのは、第五の論点で「女人禁制」のプルトニウム工場として確認した『朝日新聞』の連載記事「核燃料　探査から廃棄物処理まで」だ。

連載を担当した記者の大熊由紀子は、自動車を例に挙げて、反原発派に反論する。たとえば、自動車は事故によって大勢の死者やけが人を出し、排気ガスは大気を汚染する。しかし、事故を起こさず排気ガスも出さない自動車が開発されるまで自動車の使用と製造を中止しろという運動は起こっていない。絶対安全な発電を求めるならば、水力発電所に対しても反対運動を起こさねばならないだろう。大熊は続ける。

ほんとうに「絶対安全」なものしか許さないとしたら、わたしたちは、ダム、自動車、列車、薬をはじめ、すべての技術を拒否して、原始生活に戻らねばならなくなる。しかし、その原始生活には「飢え」や「凍死」や「疫病」という別の危険がつきまとう。

核燃料を使うことの「利益」と「潜在的な危険性」とを、絶対論的にでなく、相対論的に考えてみることが、いまは大切なことだと、わたしは思う。

（『朝日新聞』一九七六年九月三日）

典型的なリスク・ベネフィット論である。もっとも、署名記事で記者が自身の見解を述べること自体は必要なことだ。論点のすり替えに思えるが、これ自体が間違った意見だとはいえない。しかし、社会で係争中の論点について、大手メディアが電力会社の広報のような役割を果たすことには疑問も残る。当時の『朝日新聞』の方針については、第二章で改めて触れることになるだろう。

マクガフィン化する核

日本では、報道と教育の他、『黒い雨』（井伏鱒二）、『はだしのゲン』（中沢啓治）、『夕凪の街　桜の国』（こうの史代）といった小説・映画・マンガなどのメディア文化が、人びとの核意識に一定の影響を与えてきた。他方で、ハリウッド映画に代表される全世界向けに製作された予算規模の大きい娯楽映画などでは、核兵器や放射性物質はマクガフィン化している。映画監督のアルフレッド・ヒッチコックがしばしば言及したことから、映画関係者や評論家にはよく知られた概念であるマクガフィンとは、フィクションにおいて特定の小道具などが担うプロット推進の役割を指す。スパイやテロリストが、極秘ファイルやデータを盗み出して世界を危機に陥れる――というような映画を誰もが一度はみたことがあるのではないか。そうした映画では極秘ファイルやデータがマクガフィンにあたる。「それが重要な情報であり、なんとしても奪い返さなければならない」ということを観客に納得させればよいのであり、情報の内容には深く踏み込む必要はない。

アクション映画の最後でしばしば登場する時限爆弾や、ゾンビ映画の舞台設定となるパンデミックなども、マクガフィンだといえる。どのようにして時限爆弾をつくったのか、手に入れたのか、ウイルスとゾンビの関係などを詳細に描く必要はほとんどなく、物語の緊迫感を演出することのほうが重視される。

マクガフィンという概念にとって、核兵器や放射性物質ほど手軽なものはない。大きな破壊力、放射性物質の強い毒性は誰もが知るところである。正義と悪がそれを奪いあう物語にうってつけであり、終末後の世界でのサバイバルを描くアクション・SF映画にとって「核戦争後」という設定は簡単に観客を作品世界に引き込むことができる便利なものだ。前者は『ピースメーカー』（一九九七年）、『ダイ・ハード／ラスト・デイ』（二〇一三年）などが、後者は『マッドマックス 怒りのデス・ロード』（二〇一五年）や、ゲームシリーズ『Fallout』（一九九七年—）などが挙げられる。

すべてアメリカの例を挙げたが、実は日本のメディア文化でも、便利なマクガフィンとして核兵器が多用されてきたという歴史がある（山本『核と日本人』）。一九八〇年代初頭には、核戦争後の世界を描いたマンガ『北斗の拳』（武論尊原作、原哲夫作画、一九八三—八八年）や『AKIRA』（大友克洋、一九八二—九〇年）が話題となった。女性被爆者の悲恋の物語なども、一九五〇年代からマンガや映画で再生産されてきた。

核のマクガフィン化や被爆者表象のステレオタイプが具体的にどのように受容者の意識を規定するのかという問題については、人それぞれという他ないところがある。受容動向を調査した資料は少なく、世論調査の対象になることもない。しかし、こうした文化が歴史的に積み重なることで、核に関わる社会的想像力が類型化するのは避けられないだろう。

私たちは誇張されたり矮小化されたりした核のイメージを身につけてしまっている。核のイメージの蓄積からみえてくるのは、そうした類型をときに強化し、またあるときには揺さぶるというメディア文化の営みであり、そこにもまた核を考える上で重要な手がかりがあるのではないか。

8　論点が集約された核燃料サイクル計画

手放せない核燃料サイクル

以上の論点、とりわけ第一から第五までの論点が集約的に表れているのが、核燃料サイクル計画だ。

二〇二〇年七月二九日、原子力規制委員会は青森県六ヶ所村の使用済み核燃料再処理工場が安全基準に適合すると決定した。この決定は、日本が当面のあいだは核燃料サイクルを堅持することを意味していた。

使用済み核燃料を再処理し、分離したプルトニウムから核燃料をつくる。それを高速増殖炉に回す。高速増殖炉は発電しながら、プルトニウムを増やすことができるので、それをまた再処理して高速増殖炉で使う。核燃料の動きが円環を描くため核燃料サイクルと呼ばれるこの計画にとって重要な施設が、再処理工場と高速増殖炉だ。

再処理工場とは、全国の原発から使用済み核燃料を集めてそこに含まれるプルトニウムやウランを回収する施設で、核燃料サイクルの根幹をなす。また、高速増殖炉は、再処理工場で回収したプルトニウムを使いながら、「増殖」させるための原子炉である。

再処理工場と高速増殖炉があれば、原発の燃料となるウランを輸入に頼らずに済む。日本が安定的に原発を稼働させていくためには、核燃料を循環的に利用していく核燃料サイクルが不可欠だという認識は、原子力開発の最初期から関係者には共有されていた。一九五六年に発表された第一次「原子力の研究、開発及び利用に関する長期計画（原子力長期計画）」の段階から、高速増殖炉の自主開発が目標に掲げられていたのである。

しかし、高速増殖炉の開発は遅れに遅れた。一九六七年発表の第三次原子力長期計画では、昭和六〇年代の初期に実用化すると書き込まれていたが、計画は後ろ倒しが続き、一九八五年に始まったのは、高速増殖炉もんじゅの「建設」に過ぎなかった。

にもかかわらず、高速増殖炉の計画は「希望」であり続けた。メディアも計画を後押しした。一九七六年七月、先述のように『朝日新聞』で全四八回の連載「核燃料」が始まったが、この連載では核燃料サイクルや技術開発の必要性が力説されていた。最終回は「大局的な展望に立てば、核燃料を使って電気をつくることは、資源小国の日本にとって、避け得ない選択であると思われる」と述べている。

もんじゅは一九九五年にようやく稼働するが、その後も点検漏れなど保守作業のミスやナトリウム漏れの事故が相次いで、ほとんど運転できない状態が続いた。とうとう原子力規制委員会は二〇一五年に、もんじゅを運営する日本原子力研究開発機構に対して、根本的な見直しを勧告。結局、二〇一六年一二月に廃炉が決まった（文部科学省と経済産業省は後継の原子炉の開発は続ける方針）。この間、実際に稼働したのは二五〇日程度で、本格的な稼働には至らなかった。会計検査院が二〇一八年五月に国に報告した内容によると、一九七一年度から二〇一六年度のあいだにかかった研究・開発経費は一兆一三一三億円にのぼったという（『朝日新聞』二〇一八年五月一二日）。

多数の障壁と余剰プルトニウム

高速増殖炉の開発には、安全技術上の多数の障壁があった。高速増殖炉では、冷却剤として水が使えず、金属ナトリウムを使用するが、金属ナトリウムは水や大気に触れると燃えるため、管理が極めて難しい。さらに炉心にプルトニウムとウランを詰めているため、ナトリウムが沸騰するなどの事故が起これば、炉心が爆発するリスクもある。開発が難航したのはある意味当然であり、それは日本だけに限らない。多くの先進国が「夢の原子炉」と呼ばれた高速増殖炉の研究開発に乗り出したが、相次いで撤退している。

アメリカはもんじゅと同じタイプの増殖炉開発を、すでに一九八三年の時点で諦めた。ドイツも高速増殖炉の建造を進めていたが、ナトリウム火災が起こって安全性に疑問符がついたため、一九九一年に撤退。イギリスは高速増殖炉の稼働にまで至ったが、一九八七年に大きな事故を起こし、九四年に閉鎖された。他方、フランスは高速増殖炉に積極的で、スーパーフェニックスと呼ばれる原子炉を建造したが、安全性とコストの問題で一九九四年に研究炉となり、九八年に廃炉が決まっている。

再処理工場と高速増殖炉から生み出されるプルトニウムは核兵器に転用可能であるため、再処理工場を保持することは国際社会から核保有の意図があると見なされ得るという問題もある。また、アメリカは日本が余剰プルトニウムを溜《た》め込むことに難色を示し続けた。

余剰プルトニウムをできるだけ減らすために、導入されたのがプルサーマル計画である。プルサーマル計画とは、使用済み核燃料を再処理して取り出したプルトニウムをウランと混ぜて加工し、混合酸化物燃料（MOX燃料）をつくる。このMOX燃料を原発で燃やすという計画だ。一九八六年から九一年にかけて福井県の敦賀原発一号機と美浜原発一号機で試験的にMOX燃料を使ったあと、一九九〇年代後半になって本格化した。

しかし、プルサーマル発電が可能な原発は現在四基に過ぎず、プルトニウムの消費量は年二トン程度である。他方で、六ヶ所村の再処理工場は、最大で八〇〇トンの使用済み核燃料を再処理して八トンのプルトニウムを分離できるように設計されている。つまり、再処理工場がその能力を活かせば、国内にプルトニウムが増え続けてしまうという本末転倒の状態にある。なお、日本は現在、約四六トンのプルトニウムを保有している。そのうち九トンが日本国内に、三七トンが英仏両国に保管されている。国際原子力機関（IAEA）

によればプルトニウム八キログラムで一つの核弾頭を製造できるとのことで、それを考慮すれば、プルトニウムを抱える日本が警戒されるのはある意味で当然だろう。

なぜ手放せないのか

以上のような無理を抱えているにもかかわらず、核燃料サイクルが不動の国策として維持され続けるのは、いったいどうしてなのだろうか。続けることが自己目的化しているようにさえみえるのは、なぜなのか。

その理由は一つではない。核燃料サイクルを手放せない理由は複数あり、それらが固く絡まった結び目を誰もほどくことができないのだ。過去には、政治が核燃料サイクルの見直しに動いたこともあるが上手くいかなかった。その例を確認したうえで、計画を断念できない理由を整理してみたい。

二〇一二年九月六日に、当時の野田佳彦《よしひこ》内閣の閣僚たちによる民主党エネルギー・環境会議は、核燃料サイクルの見直しを政府に提言した。しかし、この提言には即座に横やりが入る。六ヶ所村議会と青森県知事、そして日本原燃が強く反発したのだ。日本原燃は、核燃料サイクルの商業利用を目的に設立された六ヶ所村に本社を置く企業である。日本が使用済み核燃料の再処理を諦める場合、使用済み核燃料は使い道のない廃棄物となり、資産価値がなくなる。再処理工場の運営主体である日本原燃の経営は成り立たず、存在意義を失うだろう。

六ヶ所村と青森県と日本原燃は、一九九八年にある「覚え書き」を交わしていた。もし今後、再処理事業が困難になった場合には、使用済み核燃料を施設外へ搬出するという覚え書きである。この「覚え書き」に基づき、六ヶ所村議会は二〇一二年九月七日、次のような意見書を可決した。意見書は、政府が再処理事業から撤退するならば使用済み核燃料を搬出し、英仏から返還される放射性廃棄物も受け入れず、さらに国に損害賠償を求めるというものだった。「覚え書き」に基づいた「意見」であって法的な裏付けはないが、非常に強い圧力ではある（「核燃料サイクルと『六ヶ所村』」）。もし意見書の通りになれば、使用済み核燃料や放射性廃棄物の置き場所がなくなり日本が大混乱に陥るのは目にみえているからだ。エネルギー・環境会議は、九月一四日に「見直し」から「再処理継続」へと方向転換せざるを得なかった。

このときの失敗には、核燃料サイクルを断念できない原因が詰まっていると考えられる。それは大きく分けて以下の二点である。

第一に、原子力共同体が、非常に強い政治的発言力を持っていることが挙げられる。発言力の背景には、他地域が嫌がる放射性物質の保管・管理を引き受けてきたという実績と自負と責任、そしてそこから生じる利権がある。だからといって、六ヶ所村に関わる原子力共同体だけが問題なのではない。あくまでそこに典型的に表れているというだけである。ここで問われるべきは、むしろ六ヶ所村にウラン濃縮工場、再処理工場、低レベル放射性廃棄物貯蔵施設を集めた中曾根政権時代の決定だろう。そこには本章で確認した開発主義と構造的差別が横たわっている。さらに特定の自治体に原子力関係施設を集中させるのは、未来責任やリスクという点でも問題がある。

第二に、高度成長期に定められた国家目標への固執である。ひと言で表すならば、国家安全保障ということになるが、具体的にはエネルギー安全保障と軍事的安全保障だ。

エネルギーの自給自足は、近代国家の夢であると同時に戦争の遠因であり、それは日本も例外ではなかった。資源小国を自認する日本にとって、エネルギー安全保障は国家の最重要課題である。また、軍事的安全保障については、第二章と第三章でも述べるが、潜在的な核保有という側面がある。両者は戦後復興が一応は終わったあとの高度成長期にセットされた「国家目標」であり、それを科学技術によって成し遂げるという大きな夢をみてきたのだ。

その夢は、個人を豊かさに向かって駆り立てるとともに、国策への疑問が剝ぎ取られていくという夢でもあった。夢から覚めるには「国家」と「成長」という概念を組み替えていかなければならないだろう。その手がかりとして、本章の第三の論点、民主主義と管理社会という問題がある。

その他にも、気候変動対策、人材と技術力の確保など、核燃料サイクルを断念できない理由を挙げることは可能だが、根幹にあるのは国策と結びついた原子力共同体の強い政治的権力にあるというのが、本書の基本的な理解である。

第二章　被爆国が原発大国になるまで

前章で確認した核をめぐる諸問題はいかにして準備されたのだろうか。本章では、日本が核兵器を拒否し、他方で原発を導入して、原発大国になるまでの歴史的経緯を振り返りたい。

1　敗戦から原子炉の導入まで

占領下の原爆認識

一九四五年八月に広島と長崎に原爆が投下された。原爆の破壊力や急性障害の恐ろしさが日本社会全体に共有されたわけではない。占領軍による検閲のため、原爆投下の非人道性を指摘することはできなかったし、原爆の後遺症が報じられることもなかったため、被爆者の問題が社会問題になることはなかった。しかし、原爆が示した巨大なエネルギーに期待する記事や言論活動であれば、検閲の対象にはならなかった。したがって、来るべき「原子力時代」への期待感を、占領下の新聞や雑誌から見つけるのは容易である。

その結果、占領下の日本社会の核エネルギー認識は、いびつなものになった。負の側面が語られないまま、「核エネルギーは科学の結晶であり、良いものだ」という認識だけは一定程度広まったからである。また、核保有国はアメリカ一国のみという状況だったため、原爆さえも「戦争をなくす兵器」として期待された。

たとえば、物理学者の仁科芳雄《にしな》は、一九四八年に次のように述べている。

寧《むし》ろ科学の画期的進歩により、更に威力の大きい原子爆弾またはこれに匹敵する武器をつくり、若し戦争が起つた場合には、廣島、長崎とは桁違いの大きな被害を生ずるということを世界に周知させるのである。(中略)

若し現在よりも比較にならぬ強力な原子爆弾ができたことを世界の民衆が熟知し、且つその威力を示す実験を見たならば、戦争廃棄の声は一斉に昂まるであろう。

(『読売新聞』一九四八年八月一日)

まだ戦争の傷痕が生々しく残っていた一九四八年の時点では、もう戦争はこりごりだという心情が根強く存在しており、そこから科学の結晶である原爆が戦争防止に役立つという期待が語られることもあった。仁科芳雄は戦争中に陸軍からの依頼を受け、理化学研究所で原爆開発を指揮する立場にあった科学者だった。彼がどれほど原爆開発に乗り気だったのかはわからないが、原爆開発のハードルの高さをよく知っていた人物だったのは間違いない。原爆が戦争廃棄につながるのではないかという言葉は、無責任で楽天的な願望であるようにも思えるし、そうあってほしいという一種の切迫した祈りが込められていたと受け止めることもできる。

しかし、米ソの冷戦構造が固定化し、ソ連が核兵器を保有した一九四九年前後からは、原爆への無邪気な期待は影を潜める。無邪気な期待に代わって、米ソによる第三次世界大戦が原爆を使った過酷な戦争になるだろうという予測や、日本もそこに巻き込まれるのではないかという危機感が高まっていく。第三次世界大戦への危機感は、占領下にあった日本が、どのように国際社会に復帰するかという問題と不可分だった。具体的には、アメリカ側の一員として主権を回復するか、中立国を選ぶかという問題である。

結局、日本は西側諸国と講和条約を結び、アメリカとのあいだには日米安保条約を結んで、西側諸国の一員として一九五二年に独立する。同時に、占領軍の軛《くびき》から解き放たれたマス・メディアは、広島と長崎の原爆被害について、検閲を気にせずに報道できるようになった。一九五二年以降、日本社会は、いまなお後遺症に苦しみながら補償を得られない被爆者の存在を通して、原爆による放射線障害の問題を次第に共有し始めるのである。

核軍縮運動の始まり

ところで、占領下には、日本の反核運動史の端緒として位置づけられる運動が起こっていた。ストックホルム・アピールの署名運動である。ストックホルム・アピールとは、一九五〇年三月にスウェーデンの首都ストックホルムで開催された第一回平和擁護世界会議で採択された声明文を指す。声明文は、核兵器の全面使用禁止、国際管理機構の設置、核兵器の先制使用国を戦争犯罪者として処罰することを求め、世界から署名を集めるとした。署名運動は世界中に広まったが、一九五〇年六月には朝鮮戦争が勃発したこともあり、アメリカのアチソン国務長官が署名運動を「ソ連のいつわりの平和攻勢」だと非難したと報じられた（『朝日新聞』一九五〇年七月一四日）。

東側諸国が中心的な役割を果たした署名運動だったことは確かだが、全世界で約五億人、日本だけでも約六四五万人の署名が集まった。米ソのイデオロギーの対立が絡むため署名運動の評価は難しいが、アメリカ占領下の日本で反核署名運動が一定の高まりを得た事実は、朝鮮戦争への不安と核戦争の危機感が広まっていたことを示している。

その後、一九五五年七月には「ラッセル・アインシュタイン宣言」が発表された。バートランド・ラッセルはイギリスの反核運動に関わった哲学者、アインシュタインは相対性理論で知られる理論物理学者だ。日本からは湯川秀樹が署名したことで知られ、戦争と核兵器の廃絶を訴える科学者たちが集うパグウォッシュ会議へとつながるこの宣言は、イデオロギーを超えた一人の人間として核軍縮を訴えている点に特徴がある。それは裏を返せば、核兵器をめぐる問題が常に冷戦の語彙で語られてきたということでもあった。

科学史家の吉岡斉は、一九五〇年代後半の核軍縮問題に関する世論形成にはエリート科学者たちが大きな役割を果たしたと指摘している（『科学者は変わるか』）。一九六〇年代には、湯川秀樹や朝永《ともなが》振一郎といった、よく知られたノーベル賞受賞者たちが中心になって、科学者京都会議が開催され、核軍縮を訴え、核抑止論批判を繰り返していくことになる。

他方で、これらの議論は核兵器に限定されたものであり、核エネルギー民事利用としての原子力開発の正統性は疑われることはなかった。一九五〇年代は、日本の原子力開発が本格的に始まる時期だった。

起点としての一九五四年・五五年

日本の原子力開発史を辿る際に、とりわけ重要な時期がある。それは、一九五四年から五五年までの約二年間だ。ポイントは、ビキニ事件による「三度目の被爆」と「原子力平和利用」の同時性にある。

一九五四年三月一日、マーシャル諸島ビキニ環礁でアメリカの水爆実験「キャッスル作戦」が行われた。マグロはえ縄漁を操業していた第五福竜丸は、アメリカが実験のために指定した「危険区域」外にいたにもかかわらず、水爆による放射性降下物を浴び、乗員二三人が被災、漁獲物も汚染された。この事件が報道された三月中旬以降、日本社会は放射性降下物への恐怖に怯《おび》えつつ、署名運動などで原水爆実験への反対の意思を明らかにしていく。一九五五年八月には広島で原水爆禁止世界大会が開催され、「被爆国」としてのナショナル・アイデンティティは確固たるものとなった。同時に、被爆者運動も盛り上がり、一九五七年三月には「原子爆弾被爆者の医療等に関する法律」が成立。被爆者として認定された人は、年に二回の健康診断を受けられるようになった。もっとも、被爆者の認定範囲はその後も長く議論され、現代にまで続く問題になっている（直野章子『被ばくと補償』）。

その一方で、一九五四年三月には、国会で原子力予算が成立し、日本は原子力の「平和利用」への第一歩を踏み出している。原子力予算成立の背景には、アメリカの国際的な原子力政策があった。一九五三年一二月、アイゼンハワー米大統領は国連総会において「平和のための原子力（Atoms for Peace）」演説を行い、国際原子力機関の創設とそれによる「平和利用」推進の必要性を力説していた。

これに反応した日本の政治家たちの一人に、当時改進党の議員だった中曾根康弘がいた。中曾根は、一九五一年一月、講和条約作成のため来日していたアメリカ特別大使J・F・ダレスに会い、原子力研究と航空機の製造保有を解禁するように申し入れていた（中曾根康弘「原子力平和利用の精神」)。中曾根はまた、一九五三年にカリフォルニア州バークレーにあるローレンス研究所を訪問して物理学者の嵯峨根遼吉と面会し、原子力研究に関する予算と法整備について話し合っていた。すでに原子力に関心を抱いていた中曾根らによって、原子力予算案が準備されたのだった。以後、日本は西側諸国の一員として、一方ではアメリカの協力を仰ぎながら、他方ではアメリカに管理・監視されながら、「平和利用」研究を進めていく。

原水爆実験への恐怖・反対が盛り上がっても、原子力平和利用への期待感がしぼむことはなかった。原水爆実験は巨大な核エネルギーの悪用であり、同じエネルギーを善用して平和目的に使えば明るい未来が待っているという認識は、むしろ強化されたといえる。悪用と善用は峻別《しゅんべつ》できる、という信念は、ほとんど疑われなかった。

一九五五年には日米原子力協定が締結され、その年の一一月に協定が発効する。その後、日本はアメリカから研究用の濃縮ウランを受け取り、アメリカの原発メーカーが製造した二基の実験用の原子炉を導入した。こうした動きと並行して、一九五〇年代の中頃には民間企業も本格的に原発に参入する。メーカーと商社にとって、機器や設備の建造や資材の輸入が必要な原発は魅力的だった。国家主導による開発だという点も、メーカーや商社にとっては間違いのない商機だった。なお、核エネルギーの「平和利用」に伴う放射性廃棄物をいかに処理するのかという難問が意識されてはいたが、先進国が進める「平和利用」に乗り出すことが優先された。

国家主導の原子力開発を警戒したのは、科学者たちだった。予算の成立を受けて、物理学者の伏見康治を中心に「原子力憲章」をつくろうとする動きが表面化する。伏見らは軍事転用を防止し、アメリカの強い影響力下にある原子力開発を「民主化」すべきだという意見をまとめた。そして、一九五四年四月に、日本学術会議は声明を発表する。声明は、伏見らの提言を取り入れて「公開・民主・自主」の三原則を掲げるものだった。この三原則は、原子力基本法にも取り入れられることになる。原子力基本法は、超党派の原子力合同委員会で審議され、議員立法として一九五五年一二月に国会に提出され、制定された。

ここで、重要なポイントが二つある。

第一に、核兵器を拒否しつつ、原子力の「平和利用」に踏み出した日本の特殊性である。一九五四年の時点で、「平和利用」の先進国は、アメリカ・イギリス・ソ連だったが、これらの国は核兵器保有国でもあった。米・英・ソにしてみれば、核エネルギー解放に関わる技術を発電に代表される「平和利用」に転用することは、ある意味では合理的選択だった。しかし、日本の場合はそうではない。日本は、発電コストの安さ（のちに原発の発電コストが高くつくことが明らかになるが）や、化石燃料枯渇の恐れ、さらには最先端の技術導入という名目で、「平和利用」へと舵を切ったのである。

第二に、日米原子力協定の存在である。そもそも、原子力基本法は、「自主」という言葉で他国の干渉・影響を防止しようとしているが、日米原子力協定はアメリカとの密接な関係性のもとでの原子力開発が前提になっていた。基本法で禁じていることが、協定では認められているのであり、この根本的な齟齬《そご》は、憲法第九条を掲げながら、日米安保条約を締結し自衛隊を法的に認めるという安全保障上の選択とよく似たジレンマだといえる。

原子炉の設置をめぐって

原子力の研究開発に舵を切った日本では、研究・実験用の原子炉をどこに置くかという問題が浮上した。一九五六年四月には、原子力委員会が原子力研究所を茨城県東海村に置くことを決定する。

また、どの国の原発を導入するかという問題もあった。アメリカかイギリスかという選択である。一九五〇年代後半の日本は、イギリスに目をつけた。

一九五六年五月には、英国原子力公社産業部長のクリストファー・ヒントン卿が来日。読売新聞社が主催する大々的な講演会を開くなど、コールダーホール型原発（黒鉛炉）を売り込んで回った。原子力委員会は八月、原発建設を検討する小委員会を設け、一〇月、イギリスに視察団を派遣している。一九五七年三月、原子力委員会がイギリスの原発の早期購入を決定。一一月、その受け皿として日本原子力発電（原電）が設立された。

他方、原子力委員会は関西に研究・実験用の原子炉を設置しようとしていた。しかし、これが難航する。候補に挙がった京都府宇治市は、茶業者らが反対し、一九五七年七月に市議会で反対決議が出された。その後も設置場所はなかなか決まらなかった。大阪府高槻《たかつき》市などが候補に挙がるがやはり地元住民の反対によって頓挫し、一九六〇年になってようやく、大阪府熊取町《くまとりちょう》に京都大学原子炉研究所の設置が決まった。

一九五〇年代、原子力の「平和利用」をめぐって、研究開発の進め方や安全性に疑問を持つ科学者は武谷三男や坂田昌一など、複数存在した。しかし、日本がこれから取り組もうとする大きな課題であることは疑われず、研究・開発自体を否定する者はほとんど存在しなかった。にもかかわらず、なぜ原子炉設置の反対運動が起こったのだろうか。それはおそらく、ビキニ事件と原水爆禁止署名運動が影響している。原子炉からも、原水爆実験と同様に「死の灰」が出るのであり、その意味では「危険施設」として見なされたのである。ビキニ事件によって原水爆実験への拒否感が高まった日本では、表立って「平和利用」を否定できないが、人びとは原水爆と原子炉との結びつきを明確に認識しており、それゆえに原子炉設置への反対運動が起こったのである。

ここには、原子力行政・産業を現代まで悩ませる「設置場所選び」の難しさが表れているといえる。茶業という産業がある宇治市や、大阪・京都の中間にあり水源となる山がある高槻市などでは原子炉を拒否することができた。それは、裏を返せば、目立った産業がなく都市部からも離れた地域は、原子炉を拒否する論理を打ち出しにくいということを意味する。むしろ研究施設ができることで、人の流れが生じ、自治体には固定資産税や各種の補助金が入るという「メリット」が大きい場合は、原子炉や原発や処分場などの関連施設を受け入れるという決断を下す場合があるのである。

2　原発大国への助走

日本の原子力戦略と世界の核拡散

イギリス製のコールダーホール改良型原子炉は、安全性をめぐる議論を経て一九六〇年に茨城県東海村に着工された。しかし、イギリスから送られてくる機器の不具合などもあり工事は遅れ、東海第一原発として初めて発電に成功したのは一九六五年一一月のことだった。イギリスから導入した原発が日本で稼働したのは、この一基だけである。以後の原発はアメリカ製だった。

原電は一九六一年に、アメリカの軽水炉の導入を決めていた。原電は二基目の原発（敦賀原発一号機）として、イギリスの黒鉛減速ガス冷却炉ではなく、アメリカの軽水炉を選んだのである。なお、黒鉛減速ガス冷却炉とは、天然ウランを燃料とし、減速材に黒鉛、冷却材に炭酸ガスを使用する原子炉である。もともとは軍用炉として開発され、のちに発電用も兼ねる軍民両用炉となった。日本が輸入したのは、発電用としての改良が進んだ黒鉛減速ガス冷却炉である。他方で、軽水炉とは、主として濃縮ウランを燃料とし、軽水を減速材と冷却材に使う原子炉の総称である。アメリカで開発され、世界的に普及した。イギリスからアメリカに乗り換えた背景には、一九六〇年代前半のアメリカの原子力産業の動向があった。当時、アメリカの原子力産業は、大型原発の受注が相次ぎ、活況を呈していた。それを受けて、日本では通産省（当時）が原発の発電コストの試算を発表し、一九七〇年度には、原発のコストは火力発電なみになるだろうという見通しを明らかにしていた（『朝日新聞』一九六二年一二月一八日）。

一九六三年一〇月二六日には、原子力研究所の実験用原子炉（アメリカのゼネラル・エレクトリック社から購入した沸騰水型軽水炉）が発電に成功。これを記念し、一〇月二六日は「原子力の日」として定められることになる。以後、六〇年代後半にかけて、原子力発電所の着工が進んだ。同時に、東京電力はゼネラル・エレクトリック社と東芝・日立と、関西電力はウェスティングハウス社と三菱重工と、緊密な協力関係を築いていった。

日本が原発計画を進めていた高度成長期の一九六〇年代、世界では核兵器の拡散が進んでいた。まず、フランスが一九六〇年二月に最初の核実験に成功、続いて中国が一九六四年一〇月に核実験を成功させた。こうした状況を受けて、核不拡散体制を構築するための世界的な取り組みも加速した。その際に懸念事項として浮上したのが、他ならぬ「原子力平和利用」だった。各国が「平和利用」のために原子炉を持ち、さらにその先に再処理技術や濃縮技術を手にしたならば、そこから核兵器開発へと移行することができる。つまり、「平和利用」を進めることで、核拡散が進むことが憂慮されたのである。

一九六八年に成立した核不拡散条約（NPT）は、米・英・ソ・仏・中の五カ国の核保有を認めつつ、それ以外の国が核兵器を持つことを禁じる条約だった。非核保有国にとっては不平等であるが、条約は核保有国に軍縮の努力を課すとともに、非核保有国の原子力開発を「奪い得ない権利」として擁護した。また、NPTは非核保有国に対して、原子力開発に関わる活動をIAEAに申告するよう義務づけている。もっとも軍縮の努力はほとんど有名無実であり、核兵器の数は増える一方だった。

潜在的核保有論

ＮＰＴをめぐる議論が起こった一九六〇年代後半、政府関係者たちは核武装の可能性について検討を始めていた（太田昌克『日米「核密約」の全貌』）。

一九六七年には、内閣官房内閣調査室が核武装の可能性を検討する研究会を発足させた。報告書では、プルトニウム原爆を少数製造することは可能だが、少数では核抑止力としての機能は不十分であり、地下核実験を行う場所もないため、「日本の安全保障が核武装によって高まるという結論は出てこない」とした。

ほとんど同時期、外務省も核武装を検討する研究会を行っていた。外務省の研究会の背景には、ＮＰＴによる核不拡散体制に日本が入るべきなのかどうかを疑問視する自民党内の意見や、核燃料サイクルを目指す日本の計画にとってＮＰＴが障壁にならないかという不安もあった。太田昌克の調査によれば、一九六八年の会合で外務省の幹部職員らが「高速増殖炉などの面で、すぐ核武装できるポジションを持ちながら平和利用を進めていくことになるが、これは異議のないところだろう」などと議論していたという（『日本はなぜ核を手放せないのか』）。

さらに、一九六九年には、外務省内の外交政策企画委員会でも核武装をめぐる議論があった。同年の報告書「わが国の外交政策大綱」は、「当面核兵器は保有しない政策をとるが、核兵器製造の経済的・技術的ポテンシャルは常に保持するとともにこれに対する掣《せい》肘《ちゆう》をうけないよう配慮する」と述べている。この時期、日本は「非核三原則」を表明し、核武装はしないと国内外に向かってアピールしていたが、水面下では核兵器製造の可能性を検討していたことになる。アメリカの「核の傘」に頼れなくなった場合のオプションとして、核武装という選択肢を残しておくべきだという報告書の判断が原子力政策に直接的な影響を与えたとはいえない。しかし、結果的に、報告書の判断は核燃料サイクルを維持する現代にまで影を落としている。

なお、潜在的核保有としての核エネルギー民事利用という議論がタブーだったわけではない。一九六〇年代末に集中していた前述の議論から約五年後の一九七五年、『朝日新聞』の論説委員だった岸田純之助は、著書のなかで潜在的核保有能力に言及していた。『朝日新聞』の核関連の記事の方向性を定めた記者として知られるが、『朝日新聞』の論調については次節で確認するとして、岸田の議論をみてみよう。

日本は、原子力開発の技術水準も、工業、経済の水準でも、国際的な評価は相当高い。もしかりに、国で一致して核保有に進むべしと決定すれば、それほどたくさんの人材や費用をさかなくても、数年で簡単に核兵器を持てる。これは世界の各国が認めている。日本は潜在的な核保有能力の最も高い国であり、それも国際政治の面での日本の地位を核保有国についで高いものにする一要素となっている。その意味では日本や西ドイツのような高い工業・技術水準を持った国にとっては政治的な効果から判断する限り、潜在能力を顕在化する、つまりわざわざ核を保有する必要がすでになくなったといえるのである。

（『核』）

核兵器の保有は可能だが、わざわざ核兵器を開発するよりも、その能力を持っておけばよい。岸田の認識は一九六〇年代末の外交政策企画委員会のそれと変わるところはない。引用文は安易な核武装論を戒める文脈で書かれているが、潜在的な核保有としての核エネルギー民事利用を否定するものではない。大手新聞の論説委員が紙面でなく自著のなかで提起できる程度には、潜在的核保有論は知られていたといえるだろう。

そもそも、岸田は雑誌『科学朝日』の編集部員や朝日新聞安全保障問題調査会研究員を経て、論説委員に就いた人物だった。さらに岸田は、一九七〇年に発足した安全保障問題研究会にも名を連ねている。安全保障問題研究会については説明が必要だろう。この研究会の前身は、沖縄返還をめぐって政府に「核抜き・本土並み」の提言を行ったことで知られる沖縄基地問題研究会だ。沖縄基地問題研究会は、石垣島生まれの法学者で早稲田大学の総長も務めた大濱信泉《おおはまのぶもと》の私的審議機関だった。ただし、大濱は佐藤栄作の私的諮問機関である沖縄問題等懇談会の座長を務めていたため、沖縄基地問題研究会は政権とのつながりを有する団体だった。メンバーは軍事評論家・久住忠男《くすみただお》、内閣法制局長官を務めた林修三、東大教授の衛藤瀋吉《えとうしんきち》、京大助教授の高坂正堯《こうさかまさたか》、京都産業大教授の若泉敬《けい》など一三人。この沖縄基地問題研究会が一九七〇年二月に名称を改めて新発足する。それが安全保障問題研究会だった（『読売新聞』一九七〇年二月二二日）。つまり、岸田純之助は政治・外交問題を議論する現実主義的な専門家集団のグループに属していたのであり、岸田の潜在的核保有論はそれと無関係ではないのかもしれない。

ただし、潜在的核保有論が存在したことと、その議論が具体的な原子力政策に影響を与えたかどうかは、また別問題である。そもそも、安全保障関係者が核武装を検討すること自体は不思議なことではない。社会に定着した原発の「意義」として、潜在的核保有論が「発見」されたのだと理解できる。そしてその後、日本が核燃料サイクルを手放さない根本的な理由の一つとして注目されるようになった。本書は核エネルギーの軍事利用と民事利用とを峻別することはできないという基本姿勢に基づいて書いているため、潜在的核保有論の存在を重視しているが、それは先に述べたように原子力共同体の関係者たちが潜在的核保有を意識しているかどうかや、潜在的核保有論が現実の原子力政策に影響を与えたかどうかとは、別の問題である。

原発への不信と反対

一九七〇年代に入ると、日本では原発の稼働が本格化した。大阪万博に合わせて稼働した敦賀原発を皮切りに、各地で原発が稼働し始めると、配管の腐食や放射性物質漏れなど、重大な問題が噴出する。さらに、この段階でも、放射性廃棄物の処理・処分の問題には解決の見通しが立っていなかった。原子力発電が未完成の技術であると見なされたのは当然だといえる。立地自治体は原発に疑いのまなざしを向けるようになり、そうなると、電力会社の計画は見直しを迫られた。新たな原発用地の購入を図ったり、購入済敷地内での原発の建造を進めたりしたが、地元の反対を受けて頓挫するというのが常態と化すようになる。

たとえば女川と泊《とまり》（北海道）では、原子炉設置許可が出ていたにもかかわらず、地元の漁協が漁業権を放棄しないため、建設が進まなかった。柏崎刈羽原発では、近隣の集落が反対運動を起こしていた。さらに一九七四年九月には、原子力船「むつ」の放射線漏れ事故が起こり、社会の関心を集めた。こうした状況で、社会党が反原発に転じ、マス・メディアのなかから原発の安全性に疑問符をつける言論が現れる。

各地で原発訴訟が起こるのも、一九七〇年代前半だった。一九七三年八月には伊方原発一号機の、一〇月には東海第二原発の設置許可取り消しを求める訴訟が始まっている。そして、一九七五年八月には、反原発を掲げた初めての全国集会「反原発全国集会——生存をおびやかす原子力」が京都大学で開催された。同年には高木仁三郎らによる原子力資料情報室も設立されている。

一九七〇年代前半に全国的に起こった原発への不信には、アメリカの動向も関係していた。アメリカの原子力委員会が実施した非常用冷却装置の実験で、炉心の冷却効果の計算に誤りがあったことが判明したのである。非常用冷却装置が正常に作動したとしても炉心の温度は跳ね上がり、メルトダウンを防げないことがわかった。この問題が一九七一年にアメリカの原子力委員会で取り上げられ、日本でも報道されると、環境保護グループなどが原発への不信を露《あらわ》にし、それが日本にも紹介された。以上のことから、一九七〇年代前半は、本格的な反原発運動が始まる時期として位置づけることができるだろう。

電源三法

原発への逆風が吹くなか、国が原発推進の前面に出るようになる。オイル・ショックの打撃もあり、原発推進と安全性向上は重要課題だった。国が打った手は、一九七四年六月に成立した電源三法と、一九七六年の原子力安全局の独立だった。

電源三法とは、発電用施設周辺地域整備法、電源開発促進税法、電源開発促進対策特別会計法（現在は「特別会計に関する法律」）、の三つの法律を合わせた呼称である。電源三法により、電力会社から一定の金額を電源開発促進税として徴収し、それを電源開発促進対策特別会計の予算として、電源立地促進のための交付金や補助金に充てることが可能になった。電力会社から徴収するということは、結局は電気代として電力消費者の負担増を意味していた。こうして、原発を抱える自治体に対して、電力消費者が金を払うという仕組みができ上がった。また、新たな原発用地を得られない電力会社が、すでに存在する原発の敷地内に原発を増設することにもつながった。一九七〇年の時点で稼働していた原発は、東海・敦賀・美浜の三基のみで、原発が総発電量に占める割合は全体の一・五パーセントに過ぎなかった（一九七〇年度）。しかし、原発はその後急ピッチで増え、一九七九年には二〇基に達した。

原発への不信や反原発運動の本格化は、原発行政・制度に変更を迫ることにもなった。一九七六年一月には、科学技術庁の原子力局から、原子力安全局が分離された。同じ省庁の内部にあるとはいえ、一応は安全対策のセクションが独立した。また一九七八年一〇月には、原子力委員会から、原子力安全委員会が分離されて発足している。

一九七〇年代後半の反原発運動の展開についても瞥見《べっけん》しておく。

注目すべきは、被爆者運動に基づく反核運動と、反原発運動の連携である。社会党系の原水禁（原水爆禁止日本国民会議）は、一九六〇年代末から反原発の住民運動と連携していた。一九七五年、原水禁は「核と人類は共存できない」というテーゼを運動のスローガンとして採用するに至る。そもそもこのテーゼは、アメリカ原子力委員会の元研究者で、プルトニウム内部被ばくや低線量被ばく問題を提起していたアーサー・タンプリンが主張していたものだった。

市民運動の盛り上がりも重要だ。多様な市民グループが、一九七七年一〇月二三日から一週間を「反原子力週間」に設定して、デモや市民講座などを実施した。食の安全や電気料金に関する問題意識から参加するグループもあれば、科学技術への関心から参加するグループ、労働者の被ばく問題に関心を持つグループなど多様な参加者があった。作家の野間宏《ひろし》ら一五人によるアピール「原子力開発を考え直そう」が発表された。

反対の機運の高まりのなかからは、女性たちのグループも誕生した。関西で反原発の集会や市民講座に参加していた女性たちが結集する「なにがなんでも原発に反対する女のグループ」が一九七八年九月に結成された（西尾漠『反原発運動四十五年史』）。反対のビラ入れ活動や、街頭劇の上演、子どもを連れてのデモなど、独自の運動を展開していく。

これらの運動が大きな盛り上がりになったとはいえない。ただし、原発への不安や不信に基づきながら、それだけにとどまらない射程を備えていたことは留意しておくべきだろう。一九七〇年代後半は、ロッキード事件に代表される権力腐敗への批判と、成田空港の開港とその反対運動に代表される国家と住民の対置状況が広く社会で意識されるようになっていた時期である。こうした動向と接点を持ちながら、反原発運動は戦後日本社会を問い直す運動として定着しつつあったのだ。そして、一九七九年には、アメリカのペンシルバニア州スリーマイル島で原発事故が発生する。

3　問題噴出の時代

ロベルト・ユンクと岸田純之助

一九七九年三月二八日に起こったスリーマイル島の原発事故によって、日本社会は原子力施設への関心を高めた。そのため、一九七〇年代を通して続いてきた原子力施設への批判は、一定の注目を集めるようになる。その一例として、ロベルト・ユンクの来日を挙げることができる。

スリーマイル島原発事故後、ドイツ出身のユダヤ系ジャーナリストのロベルト・ユンク（一九一三―一九九四）が来日した。ユンクの原爆に関する言論は、一九五〇年代から日本でも紹介されてきたが、原子力産業を論じた『原子力帝国』（一九七九年）は特に論壇の関心を引いた。同書のなかでユンクは、原子力の開発によって社会の民主主義的性格が失われると警鐘を鳴らしていた。「平和のための原子力技術と、戦争のための原子力技術という厳密な二分化は錯覚である」とも述べていた。

来日したユンクは、『朝日ジャーナル』で原子力に関する対談を行った。対談の相手は、『朝日新聞』の論説主幹の岸田純之助だった。岸田は一九七九年に朝日新聞社内で開催された原子力報道研修会で、「イエス・バット」と呼ばれる見解を提示していた。基本的に原発の必要性は疑わず推進を支持するが、国の原子力政策に関しては、安全性に問題点がある場合には是々非々で批判する。廃棄物処理や安全性技術の自主開発などの課題を国に突き付けるが、核燃料サイクルの確立を求めていくという態度である。
ユンクとの対談のなかで、岸田は原発事故について「社会が豊かになることの、いわば必然的にともなうコスト」であり、そのコストを減らす努力をしていくべきだが、すぐさま原発を手放すというのは考えられないと主張した。これに対して、ユンクは原発に懐疑的な意見を述べ、人間や環境を傷つけない「ソフト・テクノロジー」の有効性を主張していた。

ビッグ・テクノロジーの中には、ソフト・テクノロジーと共存できうるものがあると考えます。しかしそのなかには、絶対に共存ができないものもある。その一つが原子力産業です。コントロールがもっともむずかしい。というのは、とくに原子力の場合、それがもたらす障害は新しい性質を持ち、永続的です。（中略）私は日本に来て、原子力の開発の努力が現在も続けられているのを目のあたりにしたときに、非常に驚きました。いろいろな事故があるにもかかわらず、そのような努力がやめられていない。原子力技術は非常に未熟なものであり、結果をみたときではすでに遅いのです。

（『朝日ジャーナル』一九八〇年二月二九日号）

ユンクは原発のような「ビッグ・テクノロジー」から、自然環境と共存できる「ソフト・テクノロジー」への転換を訴えた。

スリーマイル島原発事故後、世界各国で原発をめぐる論争が活発になっていたが、原発を手放すという政策をとる国はほとんどなかった。スウェーデンは一九八〇年に国民投票を実施し、原発の段階的廃止を決めたが、これは例外である。むしろ、原発への期待は高まっていたとさえいえる。石油の調達に問題が生じたからだ。一九七八年には石油輸出国機構が原油価格の段階的引き上げを発表した。イランではホメイニによる革命が起こり、一九八〇年に勃発したイラン・イラク戦争は石油調達を困難にした。

つまり、スリーマイル島の事故のあとも、原子力平和利用推進という世界的潮流は変わらなかった。しかし、各国は「核のゴミ」の問題について、明確な解決策を出していたわけではない。日本もまた例外ではなかった。スリーマイル島原発事故と同じ年、日本では放射性廃棄物の処分方法をめぐる議論が始まる。さらに、原発の稼働が相次いでいたこの時期、放射線にさらされながら過酷な作業に従事する原発労働者の実態も徐々にではあるが明らかになりつつあった。

放射性廃棄物と六ヶ所村

一九七九年一一月、原子力安全委員会の放射性廃棄物対策技術専門部会は、放射性廃棄物の最終処分方法に関する報告を行った。原発から出る低レベルの放射性廃棄物の処分方法は、ドラム缶に入れてセメントで固め、太平洋の深海に投棄するのが適切だ、という提案である。投棄する場所は、東京より約九〇〇キロメートル南東の海底が想定された。

専門部会のこの報告は、原子力安全委員会によって了承され、科学技術庁の正式な計画として動き出す。これに反発したのは、太平洋の島々だった。太平洋は一九四〇年代から五〇年代にかけて、アメリカとイギリスの核実験場となってきたが、今度は「核のゴミ」の投棄場所になろうとしていた。ここには、原子力に関わる不均衡な構造的差別があるといえる。日本の計画を知ったサイパンやグアム、パラオなどが代表を日本に送り、放射性廃棄物の海洋投棄計画の中止を求めたのは当然だった。

一九八〇年八月に開催された南太平洋地域首脳会議では、日本の海洋投棄計画の停止を求める決議が採択される。同会議では、一九八一年、八二年にも同様の決議が採択された。日本側も、この会議に専門家を派遣して説明を行うなどの対応をとったが、成功しなかった。

結局、太平洋の島々の強い反対によって、日本政府は海洋投棄計画を断念する。一九八五年一月、中曾根康弘首相は太平洋諸国を歴訪するなかで、フィジーとパプア・ニューギニアの首相に対し、現地の不安や領海を無視して独断で低レベル放射性廃棄物を投棄することはない、と伝えた。

放射性廃棄物の海洋投棄計画が難航するなか、日本政府は陸上での保管を検討し始めていた。ここで浮上したのが、青森県下北半島の六ヶ所村である。この地域は、国と青森県が一九六九年から推進してきた「むつ小川原開発計画」の予定地であった。大規模石油コンビナートを建設するというこの計画は、土地買収や漁業補償がほとんど終了していたが、オイル・ショックの影響もあって、七〇年代半ば以降、頓挫していた。その後、石油備蓄基地の立地が決まったが、それでも広大な用地の大半は売れ残り、青森県は膨大な負債を抱え込んでいた。したがって、青森県にとって、原子力関係施設の立地計画は、「渡りに船」の提案だった。

すでに一九八三年末の段階で、中曾根首相は下北半島を「原子力のメッカ」にすると豪語し、むつ小川原に核燃料施設を集中して設置する計画を立案していた。そして、一九八四年四月、電気事業連合会は、青森県の六ヶ所村に、核燃料サイクル基地を設置するという計画を決定する。ウラン濃縮工場、再処理工場、低レベル放射性廃棄物貯蔵施設を集中的に設置するというものだった。青森県知事は一九八五年四月に核燃料サイクル基地の受け入れを表明、協定を調印する。再処理工場は一九九三年に着工した。なお、六ヶ所村では一九九三年から核燃料サイクル施設の一部が稼働し始めたため、事業主体の日本原燃から青森県に核燃料物質等取扱税（核燃税）が入るようになった。こうした税収は事実上の「迷惑料」だが、その税収によって原子力関係施設を手放せなくなるという構造は、電源三法に代表される原発と地域の関係によく似ている。

以上の経緯が示すように、一九七〇年代末から八〇年代前半にかけては、原発から出る放射性廃棄物を危険視する声が国内外で高まるとともに、原発同様に周縁部の自治体に原子力施設を設置するという動きが続いていたのである。

次に同時期の核兵器に関わる日本社会の反応を辿ってみたい。

反核運動と核武装論

一九八〇年代初頭の米ソの緊張の高まりは、「新冷戦」と呼ばれる。一九七九年一二月にソ連がアフガニスタンに侵攻、アメリカは抗議の意味を込めてモスクワ五輪のボイコットを発表した。さらに、ソ連が核ミサイルを極東に配備したことが明らかになり、ソ連脅威論が論壇を賑《にぎ》わせた。こうした背景から、ある核武装論が発表された。

社会学者で評論家の清水幾太郎《いくたろう》が、雑誌『諸君！』（一九八〇年七月号）に、日本の核武装を主張する論文「核の選択　日本よ国家たれ」を発表した。一九五〇年代の平和運動や、六〇年安保闘争で指導的役割を果たし、戦後を代表する「進歩的文化人」の一人と目されたこともある清水が、日本の核武装を提案したのだ。

清水の主張は、次のようなものだ。国際社会では軍事力がないと相手にしてもらえず、安全保障もままならない。ソ連の軍拡により、アメリカの軍事力が相対的に落ちているいま、日本は核武装によって自国の安全を図る必要がある。

この主張自体には、別段新しいところはないが、清水の主張で興味深いのは、核武装論そのものよりも、戦後日本と原爆との関係や、核武装の正当性を論じる際の語り口である。清水は、「不思議なもので、原子爆弾の問題を深く考えれば考えるほど、敗戦で日本の受けた傷の痛みが何となく和らいで行く。大きなものを失った筈なのに、何かを得たかのようにさえ感じられて来る」と述べる。

さらに清水は、「核兵器が重要であり、また、私たちが最初の被爆国としての特権を有するのであれば、日本こそ真先に核兵器を製造し所有する特権を有しているのではないか。むしろ、それが常識というものではないか」とも述べている。

一九六〇年代後半に政府関係者が核武装の可能性を検討していたことはすでにみた。清水がその議論の存在を知っていたのかどうかはわからないが、十数年後の清水の提案が実を結ぶことはなかった。むしろ、次の点が重要である。安全保障政策の重要な一翼をアメリカに任せる状態を脱して「真の独立」を達成したいという保守派の意図を横に置けば、すでに日本には核兵器が持ち込まれていた。米ソ冷戦構造下にあった日本は、アメリカの前哨《ぜんしょう》基地的な役割を担っていたのであり、その意味ではすでに「核基地」になっていたのである。

どういうことか。一九八〇年代前半の日本社会に波紋を投げかけた、エドウィン・ライシャワー元駐日大使の核持ち込み発言をみてみよう。

「非核二・五原則」

一九八一年五月一八日の新聞各紙は、元駐日アメリカ大使のライシャワーの発言を大きく取り上げた。ライシャワーの発言とは「米海軍の航空母艦、巡洋艦が核兵器を積載して日本に寄港、あるいは日本の領海を通過しているのは完全な常識であり、日本政府も一九六〇年の日米安保条約改定にあたって、このことを口頭了解している」というものだ(『読売新聞』一九八一年五月一八日夕刊)。

ライシャワーの発言を文字通りに受け止めれば、「つくらず」「持たず」「持ち込ませず」の非核三原則のなかで、「持ち込ませず」が守られていないということになる。鈴木善幸《ぜんこう》首相は、即座に疑惑を否定した。アメリカが核兵器を日本に持ち込む場合には安保条約に基づき事前協議が必要だが、アメリカ側が事前協議をもちかけてきたことは一度もないと述べたのである。しかし、一時的な寄港や領海通過については核の持ち込みにあたらないというのが、アメリカの見解だった。

読売新聞社が一九八一年六月に実施した世論調査では、次のような結果が出ている。「アメリカの核兵器の日本への陸揚げ・貯蔵はもちろん、寄港や領海通過もいっさい認めるべきではない」という意見が四一パーセントだったのに対し、「日本への陸揚げ・貯蔵は認めるべきでないが、寄港や領海通過は認めてもよい」と回答した人は四四・二パーセントであった。核兵器を積んだ艦船の寄港や領海通過ならば認めるという声が、認めないという声を上回ったのである。寄港、領海通過ならば核の持ち込みにあたらないという考え方が、国民の支持を得ていたことがわかる。このような考え方は、非核三原則ならぬ「非核二・五原則」と呼ばれた。

反核運動の世界的高揚

一九七九年一二月、北大西洋条約機構（NATO）が、アメリカの新型中距離核ミサイルのヨーロッパ配備を決めた。配備地の候補に挙がったのは、西ドイツ（当時）、イギリス、イタリア、ベルギー、オランダの五カ国であった。すでにソ連は、一九七〇年代後半からヨーロッパ向けに中距離核ミサイルの配備を始めており、NATOの決定はソ連への対抗措置だった。そのため、前述の五カ国にとどまらない西ヨーロッパの人びとは、米ソの限定核戦争の巻き添えになる可能性を意識せざるを得なくなった。これにより、西ドイツを中心に、西ヨーロッパで大規模な反核運動が起こるのである。

反核運動の世界的高まりのなかから、アメリカの科学者カール・セーガンらが主張する「核の冬」という仮説が生まれ、日本にも紹介された。核戦争によって舞い上がる塵《ちり》や煤煙で太陽光が遮られ、地球の平均気温が下がるという仮説である。

こうした反核運動に呼応して、日本では一九八二年一月、二八七人の文学者が「核戦争の危機を訴える文学者の声明」を発表した。

この声明は、地球上には大量の核兵器が貯蔵されており、核戦争が起こればそれは地球そのものの破滅を意味するという認識に基づいている。核兵器の廃絶と軍拡競争の中止を世界に求めるとともに、日本政府に対しては非核三原則の厳守を要求する声明であった。

文学者たちの声明が話題になったこともあり、日本でも反核運動は盛り上がりをみせた。高木仁三郎は、一九八二年に、反核集会に参加した際、次のように感じたという。

何十万という人たちが集まってくるのは、根底に「核の時代」に対する漠然とした危機感があるからです。しかし、「今にも核戦争のボタンが押される」とか「人類絶滅の危機」とだけ声高に叫ばれても、何か心に迫るリアリティがない。人々の心にひそむ危機感を、もう少し別の回路でたどっていけば、生きる場と反核の運動をよりたしかに結びうるのではないか。

（『核時代を生きる』）

高木はこのように考え、核戦争の恐怖に訴えるのではなく、核がもたらす社会的抑圧や歪《ゆが》みに着目するようになったのだという。また、高木が「心に迫るリアリティ」という社会問題への積極的参加の内的動機に注目している点も重要だろう。核戦争による絶滅という終局へと一気にジャンプするのではなく、「国際政治の力学」というマクロな視点で核を語るのでもない方法として、より日常的に作用する各種の権力構造として核を捉えること。それが高木の戦略だった。

4　チェルノブイリの衝撃

チェルノブイリ以後の反原発運動

一九八六年四月二六日、ウクライナのキエフ近郊にあるチェルノブイリ原子力発電所では操作ミスが原因で、炉心融解が起こった。爆発で空いた原子炉建屋の穴から漏れ出た放射性物質は、ウクライナだけでなく、ベラルーシ、ロシアに及んだ。国際原子力事象評価尺度（ＩＮＥＳ）による評価は、レベル七。二〇一一年の福島での原発事故がレベル七と評価されるまで、レベル七の評価を受けた事故はチェルノブイリだけだった。

当初、ソ連は原発事故を隠蔽しようとしていた。だが、フィンランド、スウェーデン、ノルウェーなどで検出された、異常に高い数値の放射線量から原発事故が発覚する。検出された放射性物質と風向きから判断して、ソ連の原発で何らかの事故があったと推測されたのである。ソ連の公式発表はその後のことだった。なお、一九八六年五月三日には、日本でも雨水から放射性物質が確認されたが「直ちに健康へ影響を与えるものではない」と政府が発表している。

チェルノブイリ原発事故後の反原発運動の高揚は、食品汚染問題から始まった。北欧から日本に輸入している食品が、放射性物質に汚染されているのではないかという不安が広まったのである。それを受けた厚生省（当時）は、一九八六年一一月、輸入食品中の放射能濃度の暫定基準（食品一キログラムあたり三七〇ベクレル）を定めた。

その後、トルコ産のヘーゼルナッツやスウェーデン産のトナカイ肉などから、基準値を超える放射能が検出された。厚生省は輸入業者にそれらの食品を送り返すよう指示したが、今度は輸入食品の検査体制に疑問が投げかけられた。それならば自分たちで放射能を測定しようと、一九八七年一一月、原子力資料情報室が「放射能汚染食品測定室」を開設した。

放射能を独自に測定する動きと並行して、反原発のデモや講演会の開催といった運動も各地で活発になっていった。これらの反原発運動は、女性と若者たちが積極的に参加し、政党や平和団体などの組織にはとらわれず手づくりで運動を立ち上げたという点で、従来の社会運動とは異なる新しい性質を持っていた。この運動が、反原発ニューウェーブと呼ばれたのも、そのためである。

反原発ニューウェーブと「いのち」のリアリティ

反原発ニューウェーブと呼ばれた運動を語るうえでは、小原良子を中心とした大分県別府の主婦たちの存在を無視することはできない。彼女たちは、一九八七年一一月から運動を始めた。小原を代表に「グループ・原発なしで暮らしたい」という組織を立ち上げ、大分の対岸にある伊方原発の出力調整試験への反対運動を展開していく。

まず、彼女たちが反対した伊方原発の出力調整試験について、確認しよう。当時、電力は供給過多状態にあり、原発をフル稼働させるのは電力会社にとって負担となっていた。そこで、電力会社は、電力需要が減る時期や時間に原発の出力を下げ、需要が高いときに出力を上げることで、より「経済的」な原発稼働を達成しようとした。そのための準備として行われたのが出力調整試験である。四国電力は一九八七年一〇月に伊方原発の二号機でこの試験を行い、八八年二月に二回目の試験を行おうとしていた。

当初、小原良子は署名運動を模索していたが、以前から反原発運動に関わってきた人びとの支持を取り付けることができなかった。「男性、特に、何らかの運動に係わっている人の反応は冷たく、〝チェルノブイリの前夜というのは大げさだ〟」などといわれたが「子供をもつお母さんたちから熱い反応」があったという（西尾『反原発運動四十五年史』）。小原たちは、自分たちで署名運動を展開し、集会を行うことを決める。彼女たちの主張は、自然食品流通ルートや主婦層を通じて、全国に広がっていった。

一九八八年一月二五日、小原良子らの呼びかけに応じた一〇〇〇人を超える人びとが四国電力本社前に集結した。この集会は『朝日ジャーナル』などで報じられ、運動は盛り上がりをみせた。出力調整試験の直前、二月一一日には「原発サラバ記念日」と題した集会が高松市中央公園で開催され、約三〇〇〇人が集まったとされる。翌朝の四国電力本社前での抗議活動では、作家の広瀬隆も演説した。

広瀬隆は、『危険な話：チェルノブイリと日本の運命』（八月書館、一九八七年）がベストセラーになった論客である。すでに『東京に原発を！　欲望の行きつく果てに……新宿一号炉建設計画』（ＪＩＣＣ出版局、一九八一年）を通して反原発の主張を展開していたが、チェルノブイリ後に『危険な話』を刊行したことで、全国で講演活動を行い、反原発のシンボルになっていた。小原良子が運動を起こしたのも、広瀬の講演がきっかけだった。四国電力本社前の抗議活動に参加した広瀬は「こんな試験をやる権利が電力会社になぜあるのか信じられない。最後の日にしないようにしましょう」と述べたという（『朝日新聞』一九八八年二月一二日夕刊）。

結局、伊方原発の出力調整試験は予定通りに実施されたが、その後も小原たちは抗議活動を止めなかった。「グループ・原発なしで暮らしたい」は、「原発なしで暮らしたい九州共同行動」（松下竜一代表）、伊方原発反対八西《はっせい》連絡協議会らと連携し、二月二八・二九日には通産省前で抗議活動を行った。

その後、「グループ・原発なしで暮らしたい」は、他の地域の反原発運動にも接触する。当時、北海道では、泊原発一号機の運転開始を止めるべく、労働組合や生活クラブ生協などが中心となって、運転開始の可否を問うべく、道民投票条例を請求する運動が盛り上がりつつあった。一九八八年七月には、泊原発の核燃料棒搬入を阻止するため、激しい抗議活動が起こっていた。そうした状況で、小原らは八月二〇日に札幌の道庁前で「原発トマリ記念日」と題した行動を起こした。太鼓のリズムに合わせて、歌い踊るというスタイルだった。ただし、小原らが他のすべての運動体と行動をともにしたわけではなかった。実力での阻止活動を模索する若者たちが結成した「札幌ほっけの会」とは方針の違いがあり、小原らは「札幌ほっけの会」を「過激派」と見なして批判したという。戦後の社会運動にみられた運動方針をめぐる党派間の敵対が、ここにも表れていた。

さて、「反原発ニューウェーブ」と呼ばれることもあるこの運動の特徴として、女性の参加、特に子どもを連れた女性の参加が挙げられる。女性たちの参加を促したのは、「いのち」という平仮名の言葉で表される生命主義的なエコ・フェミニズムである。

先述の甘蔗珠恵子『まだ、まにあうのなら』には独特の生命重視の心性が描かれていた。「家族を守る母親」という立場を強調するこのブックレットは、生命の源である食事を司る（とされる）母親の立場から、食品の放射能汚染に対する強い不安を強調していたのである。広瀬隆の『危険な話』もまた、生命の危機がテーマの一つだった。

食に代表される生活の防衛意識とヒューマニズムだけならば、たとえば一九五四年のビキニ事件以降に沸き起こった原水爆禁止署名運動とその際の主婦たちの関与と同質である。しかし、八〇年代後半の反原発ニューウェーブにおける「いのち」の重視には、フェミニズム、環境思想、有機農業への関心などがあり、それらは近代的諸制度への根本的な異議申し立てをはらんでいる点で、優れて八〇年代的だったといえるだろう。

女性たちの運動は、有機農業、リサイクル、自然保護、消費者、女性、第三世界に関するグループらとネットワークを形成しながら、社会のなかで急速に存在感を高めつつあった。女性たちの存在感は、「女性が元気だ」という同時代的「気分」の醸成にもつながった。一例として社会党の「土井たか子ブーム」が挙げられる。一九八九年七月の参院選では、消費税問題やリクルート事件、宇野宗佑《そうすけ》首相のスキャンダルを抱えて大敗した自民党に対して、社会党は四六議席を獲得。四六議席のうち一一人は女性だった。選挙結果を受けて、委員長の土井たか子が与謝野晶子の詩を踏まえて「山が動いた」と述べたのは有名である。事実、このあとの社会党は、辻元《つじもと》清美や保坂展人《のぶと》など、市民運動寄りの人物を候補者に立てるようになる。

脱原発法を求めて

チェルノブイリ以後に高まった反原発の機運は、反対運動を後押しした。一九八八年四月二三・二四日には「チェルノブイリから二年、いま全国から　原発とめよう一万人行動」が東京で開催された。この集会は、主催者の予想を超える人びとが参加したため、横断幕の「一万人行動」が「二万人行動」に書き直されたという（西尾『反原発運動四十五年史』）。

二四日に日比谷公園で開催された集会では、音楽の演奏、河内《かわち》音頭、マンガ『じゃりん子チエ』（はるき悦巳）の寸劇などが各所で催され、祝祭的な雰囲気があった。楽しみながら、反対の意思を確認しあい、ネットワークを強化していくという運動は、一九七〇年代末以来の反原発運動の随所にみられたものだが、規模という点ではチェルノブイリ後の「反原発ニューウェーブ」の集大成という側面を持っていた。

ちなみに、なぜ『じゃりん子チエ』の寸劇なのかというと、おそらくタレントの中山千夏がこのアニメ版で主人公の声を担当していたからだろう。俳優・歌手・司会業などをこなすタレントとして知られた中山は、一九七〇年代から市民運動への関与を強め、一九八〇年の衆参ダブル選挙の参院選全国区に立候補して当選した。中山は、国会でも原発に関する政府広報の稚拙さを指摘する発言を行うなど、反原発運動のなかでもよく知られた存在だった。

さて、「原発とめよう一万人行動」で特筆すべきは、「脱原発法」の制定を目指して国会請願署名を集める運動が提起されたことである。この運動が本格的に始まるのは、一九八九年一月からだが、準備段階で署名の集約先となる「脱原発法全国ネットワーク」が発足した。さらに、社会党は一九八九年一月の党大会でこの運動への協力を決め、運動は確実に前進しつつあった。

運動が目指した脱原発法の骨子は次の三点に整理できる。第一に、建設中、計画中の原発と核燃料サイクル施設の廃止。第二に、運転中の原発、核燃料サイクル施設の廃止。第三に、放射性廃棄物は、地下や海底に投棄せず、国民の目の届くところで発生者の責任で管理する。

これら三点を掲げた「脱原発法全国ネットワーク」は、約二五〇万の署名を集め、一九九〇年四月二七日に脱原発法制定の請願書と署名を衆参両院議長に提出した。さらに、一九九一年四月にも請願書と約七六万の署名が提出された。後述するが、この時期には各地の原子力施設で事故が相次いでいたこともあり、署名運動は一定の広がりを得た。しかし、国会で審議されることはなく、脱原発法を求める運動は目立った結果を残すことはなかった。

また一九九〇年代には、脱原発運動自体が下火になっていった。社会運動史が専門の安藤丈将は、その要因の一つとして、「女性＝母親」たちの運動というステレオタイプを挙げている（『脱原発の運動史』）。ニューウェーブと呼ばれた運動は、女性の存在を前面に出すことで、他の女性たちの参加を促した。しかし、一九九〇年代以降、パート労働などに時間を奪われた女性たちは、運動への関与の度合いを低下させざるを得なかったという。

日米原子力協定の改定

ここで、原子力行政に関わる一九八〇年代の日米交渉についても簡潔にまとめておこう。

長年にわたって日本の原子力開発の桎梏《しっこく》となってきた日米原子力協定に関する日米協議が

進展したのである。

従来の協定では、アメリカ産のウランとそこから抽出したプルトニウムを輸送したり再処理したりする際、日本はその都度アメリカの承認を必要とした。個別同意方式と呼ばれるこの方法では、核拡散を警戒するアメリカの許可を得るのに時間がかかった。すでに一九七四年に動力炉・核燃料開発事業団（動燃）が東海再処理工場を完成させていたが、日米原子力協定を理由にアメリカが介入してきた。さらに、プルトニウムの海上輸送にも支障があった。原子力関係者にしてみれば、再処理の能力はあるのに、その能力を十分に活かせないという悔しい思いがあった。

そのため、日米原子力協定の改定に向けた話しあいで、日本は包括的事前同意を目指した。その都度アメリカの許可を得る必要がない方法である。他方、アメリカは核拡散を懸念する議員たちが、包括的事前同意に強く反対していた。しかし、中曾根首相とレーガン大統領の良好な関係に支えられ、日米は協議を続けた。交渉の結果、日本は前例のない範囲で包括的事前同意を取り付けた。これにより日本国内の施設での再処理、英仏からのプルトニウムの返還輸送などが、アメリカの個別の許諾なしに行えるようになった。

一九八八年に発効した日米原子力協定は、日本にとっては外交交渉の「成功」であり、関係者は「将来の原子力政策がやっと安定した」と喜んだと報じられた（『朝日新聞』一九八七年一月二六日夕刊）。確かに、関係者にとっては粘り強い交渉が実を結んだという達成感があったのだろう。ただし、この成功体験は、再処理技術を伴う核燃料サイクルに固執する遠因にもなったと思われる。比較的自由に再処理を行えるという苦労して手にした権利を手放したくないのは当然だからだ。

5　相次ぐ事故の時代

美浜原発の事故とあかつき丸問題

一九九一年二月九日、美浜原発二号機で蒸気発生器細管の破断事故が起きた。ギロチン破断と呼ばれる事故で、緊急炉心冷却装置が作動し、原子炉が緊急自動停止した。従来、蒸気発生器細管の破断は「非現実的」で「起こりえない」ものだとされてきた。

たとえば、伊方原発裁判で、国側は「定期的に実施される精密な検査によってその健全性が確認されるとともに、仮に細管に漏洩が生じたとしても直ちに検知され、所要の措置が講じられるので、細管の破断は起こり得ない」「数本はおろか一本の破断も起ることはない」（傍点は高木による）と主張していたのである（高木仁三郎『核の世紀末』）。しかし、「起こり得ない」とされた事故が起こったのである。

この美浜原発の事故を皮切りに、一九九〇年代は原子力関連施設での事故が相次いだ。一九九一年三月には、動燃の東海事業所の再処理工場で、使用済み核燃料の溶解槽の圧力が上昇、溶解槽の運転が自動停止する事故が起こった。溶解槽とは、ウランやプルトニウムを取り出すために使用済み核燃料を溶かす装置で、これが自動停止する事故は一九七七年の操業以来初めてだった。

原子力産業とそれを管理する省庁への不信感が高まるなか、使用済み核燃料の移送にも関心が集まった。

一九九二年一一月、日本がフランスに依頼していた使用済み核燃料が、一・五トンのプルトニウムとなって送り返されることになった。フランスのシェルブール港から茨城県の東海港まで、海路を約二カ月かけて輸送された。輸送船はあかつき丸という船で、海上保安庁の巡視船「しきしま」で護衛された。環境保護団体のグリーンピースがあかつき丸を追跡して輸送反対キャンペーンを実施したこともあり、プルトニウムの運搬は世界の注目を集め、日本国内でもプルトニウム利用への拒否感が高まった。もっとも、プルトニウムの輸送問題は、すでに一九八〇年代から表面化し熱心な抗議運動が続けられていた問題だったが、あかつき丸の運搬量の多さから、反対の声が盛り上がり、大きく報じられたのである。

推進派と反対派の「対話」

一九九一年一一月、高木仁三郎が代表を務める原子力資料情報室と、環境保護団体グリーンピースが主催者となり、国際プルトニウム会議が埼玉で開催された。この会議にはアメリカやベラルーシからの参加者がおり、冷戦終結後の新時代を意識させた。また、科学技術庁からも参加者がいたという。エネルギー政策の専門家である飯田哲也は、国際プルトニウム会議を挙げて、この時代を推進派と反対派の「対話の時代」と呼んでいる（『原発社会からの離脱』)。確かに、飯田が指摘するように、一九八〇年代までと比べれば、対話の機運は盛り上がりつつあった。

相次ぐ事故とあかつき丸問題を受け、プルトニウム利用の推進派と反対派が登壇して議論する画期的なシンポジウムが開催された。一九九三年九月二五日、大阪で開催された「今なぜプルトニウムか」がそれである。日本原子力産業会議と原子力資料情報室が共催するシンポジウムであり、対立の構図が硬直していた両者が、いかに対話するのか、注目された。

「もんじゅ」の建設主体である動燃の企画部長は「世界の人口は二〇三〇年には百億人になり、エネルギー消費量も二、三倍になる。ウランの資源量は今後七十四年分は残っているが、プルトニウムにして利用すれば六十倍になる。資源、経済性、核不拡散、安全性、環境の五つの調和を考えて利用したい」とプルトニウムの必要性を強調した。

他方で、高木仁三郎は「プルトニウムは毒性が高く、利用技術も未熟で、危険。核拡散の点からも問題だ。各国がプルトニウム利用から撤退している。電気の不足よりエネルギーの大量使用が地球環境を危うくしていることが問題。六十倍という〝夢〟を語るのではなく、総括する時代に入った」と反論した（『毎日新聞』一九九三年九月二六日）。

当然というべきか、両者の議論は平行線を辿ったが、推進派に変化の兆しがみられると肯定的に評価される見方もあった（『毎日新聞』一九九三年九月三〇日）。こうした対話の取り組みは、その後も続いた。

これとは対照的に、一九九〇年代には、住民側の主体的営為が、民主主義の手続きを踏んで原発をはねのけるという達成もあった。新潟県巻町《まきまち》（当時）の住民投票がそれである。

巻町の住民投票

新潟県巻町に原発を建設する計画は、一九七一年に正式発表され、八一年に国の電源開発基本計画に組み込まれた。計画発表直後から反対運動が起こり、土地買収が難航したことから、国の安全審査の段階で計画は止まっていた。しかし、土地の問題が解決し、一九九四年三月に町長が原発建設を進めると発言する。この間に、巻町は新潟市のベッドタウンとして人口三万の町になっていた。

一九九四年には、反対派による「巻原発・住民投票を実行する会」が結成され、一九九九五年二月には、町の協力が得られないなかで自主的な住民投票が実施された。原発推進派はボイコット運動を展開したが、有権者の約四五パーセントが足を運び、うち約九五パーセントが反対票を投じた。しかし、原発推進派の町長はこの結果を突き放した。

その後、町議会で、住民投票に関する条例案が可決され、住民投票を求める運動から町議員や町長が出て、議会の勢力図が変わった。そして一九九六年八月四日、条例に基づく全国初の住民投票が実施される。「巻原発・住民投票を実行する会」は投票運動で原発反対の主張を打ち出すことはせず、賛成でも反対でもよいから投票しようと呼びかけた。投票結果は、反対が一万二四七八票、賛成が七九〇四票で反対派が勝利する。八八・二九パーセントの投票率は、町民の関心の高さの表れだった。投票結果を受けて会見した笹口《ささぐち》孝明町長は、「原発とは共生しない」といい切った。

「国益」に関わる原発の設置について、地域住民の意思が住民投票で表明されたことは大きな意味を持った。地域に犠牲を強いる問題については、選挙だけではなく、住民投票や国民投票による判断を尊重するという方法が、広く意識されるようになったからである。

もんじゅとJCO

巻町が住民投票問題に揺れていた一九九五年一二月、高速増殖炉もんじゅで冷却材の金属ナトリウムが漏洩し、火災が起こった。

その後の対応が問題だった。原子炉は火災発生から一時間半以上も動いたままで、ナトリウムは建屋内に拡散した。さらに、動燃は事故現場を撮影したビデオテープからナトリウム漏洩の現場を削除した。動燃の隠蔽・捏造《ねつぞう》工作が明らかになったこともあり、核に関するあらゆる事業とそれを運営する組織に対する信用は失墜し、高速増殖炉の開発計画は大きな打撃を受けることになる。

一九九六年一月には、福島県、福井県、新潟県の知事が上京し、橋本龍太郎首相、科学技術庁長官、通産大臣に核燃料サイクルに関する提言書を手渡した。原子力行政に地域や国民の声を反映させること。情報公開を進め、国民が議論できる場を国がつくること。そして、原子力長期計画の見直しを求めた。

一九九六年には、原子力委員会が原子力政策円卓会議を設置する。各界各層から参加者を招き、出席者間の対話を重んじる会議を開催し、そこでの議論を公開するという趣旨だった。円卓会議は一九九六年を通して計一一回開催され、プルサーマル計画などを議論したが、最終的には「新円卓会議の設置」と「高速増殖炉開発のありかたについて、広く議論する場の設置」などの提言を行うにとどまった。

こうした公開討議の試みが、果たしてどれほどの効果をあげているのか、疑わしい部分はある。原子力政策に強い関心を抱いている人の参加は見込めるが、結果的に推進派にとっては、反対派の「ガス抜き」程度の意味しかなかった。他方で反対派にとっては、徒労感が募る。形式的な対話の場に終わったという見方は否定できないだろう。

一九九九年には日本の原子力の歴史でもとりわけ大きな事故が起こった。九月三〇日に東海村のＪＣＯ事業所で臨界事故が起きたのだ。ＪＣＯは、原発用の核燃料を加工する会社である。

高速増殖炉用の高濃縮ウランが、原子炉ではなくただの沈殿槽のなかで連鎖的核分裂反応を起こした。中性子が施設の外側にまで漏れ出るという類例のない事故であり、大量の放射線を浴びた作業員三人のうち二人が死亡している。作業員による手抜き作業が直接の原因だったが、人為的ミスが起こったとしても深刻な事故を防ぐような設計になっていなかったことが問題視された。

六ヶ所村問題と原子力ルネサンス

二〇〇〇年代は、核拡散の時代だった。北朝鮮、イラク、イラン、リビアの核兵器開発が国際社会の懸念事項として浮上していた。

他方で、二〇〇〇年代は、日本国内の原子力政策に二つの課題が生じていた。

第一に核燃料サイクルの問題である。二〇〇四年、原子力政策を定める原子力委員会の原子力利用長期計画策定会議で、核燃料サイクル事業を見直すべきかどうか、議論されていた。使用済み核燃料の処分方法について再処理と直接処分の二つの案が示されたが、結局、大半の委員が再処理路線を支持し、核燃料サイクルの維持が決まった。また、六ヶ所村の再処理工場の運転開始の目途も立ったことになる。

長期計画改定の議論はマス・メディアも関心を示し、社会の注目を集めた。鎌仲ひとみ監督によるドキュメンタリー映画『六ヶ所村ラプソディー』（二〇〇六年）が話題となり、二〇〇七年には音楽家の坂本龍一が中心となって核燃料サイクルに反対するアートプロジェクト、STOP ROKKASHOが始まった。

第二に、原子力ルネサンスである。これは、気候変動問題の深刻化や原油価格の高騰を受けて原発が再注目されたことを指す。具体的には、二〇〇〇年代の前半にアメリカのブッシュ政権下で進んだ原発新設計画やフランスの欧州加圧水型炉の建設計画などを指す。

原子力ルネサンスが日本に与えた影響としては、経済産業省資源エネルギー庁が二〇〇六年にまとめた「原子力立国計画」を挙げることができる。「原子力立国計画」の骨子は、「電力自由化時代の原発の新・増設実現」「核燃料サイクルの推進と関連産業の戦略的強化」などの九項目からなる（経済産業省ＨＰ）。「原子力ルネサンス」を意識していた経産省の強気の方針がうかがえる。九項目のなかには、「我が国原子力産業の国際展開支援」という項目もあり、これに基づいて日本は原発輸出を推進した。しかし、本書の第一章で述べたように、原発輸出計画は二〇一〇年代末に頓挫することになる。

第三章　日本と核の現在地――3・11以後

第三章では、二〇一一年以降の論点を辿りながら、核兵器と原発の一〇年を問い直したい。現在から振り返れば、この一〇年は長かったようにも短かったようにも感じられる。直近の一〇年を対象化するのは難しい。それには、二つの理由がある。

第一に、二〇一一年からの一〇年間がまだ「歴史化」していないからだ。近過去については、まずジャーナリズムや人びとの体験と記憶によって一定の認識が形成される。そのあとで、歴史家の検証を経て「歴史化」していくというのが通常の流れである。したがって、第三章はこの一〇年を少しでも対象化し、今後の検証に手がかりを提供する試論という側面を持っている。

第二に、原発災害の後処理が現在進行形の問題だからである。これについては多言を要さないだろう。後述するが、廃炉作業は現在進行形であり、除染で出た汚染土を最終的にどこに置くのかも決まっていない。また、核兵器について日本がどのような態度をとろうとしているのかも、見通しは立っていないのだ。

1　民主党政権時代

脱原発の模索と挫折

二〇一一年三月一一日一四時四六分ごろ、三陸沖を震源とするマグニチュード九・〇の巨大地震が発生した。一五時三五分には約一三メートルの津波が東北の太平洋側の海岸を襲い、福島第一原発の一・二・三号機の電源が喪失した。翌一二日の午後には、一号機の原子炉建屋で水素爆発が起こり、三号機と四号機の建屋も相次いで爆発した。これにより、大量の放射線と放射性物質が飛散した。また、原子炉に冷却水を送るポンプが動かず、一・二・三号機で核燃料が溶けて圧力容器の底に落下（メルトダウン）した。一部の核燃料は圧力容器を突き抜けた（メルトスルー）とされる。東北地方太平洋沖地震とそれによる津波が引き起こした福島の原発災害は、日本の原子力政策を大きく変えることとなった。

そもそも、二〇〇九年に誕生した民主党政権は、原子力の推進と規制の分離を掲げてはいたものの、原発増設や核燃料サイクルの堅持など自民党の下で固められた原子力政策を基本的に踏襲していた。たとえば、二〇一〇年六月には、菅直人《かんなおと》政権が新たなエネルギー基本計画を閣議決定したが、そこでは二〇三〇年までに少なくとも一四基以上の原発の新増設を進めるという計画が書き込まれていた。また原発輸出についても、官民一体となって進めるとされた。しかし、原発事故を受けて、民主党政権は脱原発へと舵を切る。

震災直後の四月に、海に流れ出る高濃度汚染水を食い止めて保管する場所を確保するため、比較的低濃度の汚染水を海へ放出して批判されるなど、民主党政権ははやくも原発事故対応の困難さに直面していた。

そんななか、菅首相は二〇一一年五月六日に浜岡原発の運転停止を要請、さらに五月一〇日にエネルギー基本計画の見直しを発表した。加えて、七月七日には再稼働を目指す経済産業省の動きを牽制するかのように、すべての原発は再稼働前にストレス・テストが必要だとの方針を打ち出した。ストレス・テストとは、原発の安全性評価を指し、過酷な状況下でも原発が安全かをチェックする作業である。

菅首相の特色がもっとも鮮明に出たのは、七月一三日の「脱原発宣言」だった。エネルギー基本計画を白紙撤回し、「原発に依存しない社会を目指すべきだ。計画的、段階的に原発依存度を下げ、将来は原発がなくてもやっていける社会を実現していく」と述べた（『朝日新聞』二〇一一年七月一四日）。さらに、八月八日の衆議院予算委員会では、「脱原発宣言」のなかには使用済み核燃料の再処理や、もんじゅも含まれていると明らかにした。核燃料サイクルの見直しに意欲を示したことになる。

ただし、「脱原発宣言」は、内閣全体の意見ではなく、あくまで個人的な見解であり、具体的な道筋が示されたわけではなかった。すでに辞意を表明していた菅首相が、国民に直接的なメッセージを発しただけにもみえる。

注目すべきは、核燃料サイクルの見直しに言及した菅首相への反対意見である。『読売新聞』は八月一〇日の社説で、「日本は、平和利用を前提に、核兵器材料にもなるプルトニウムの活用を国際的に認められ、高水準の原子力技術を保持してきた。これが、潜在的な核抑止力としても機能している」と主張した。『読売新聞』は九月七日の社説でも、日本は核不拡散条約体制下でプルトニウムの利用が認められているとし、「こうした現状が、外交的には、潜在的な核抑止力として機能していることも事実だ」と繰り返した。こうした主張は『読売新聞』にとどまらない。当時自民党の政調会長だった石破《いしば》茂は、雑誌『SAPIO』(二〇一一年一〇月五日号)で、「原発を維持するということは、核兵器を作ろうと思えば一定期間のうちに作れるという『核の潜在的抑止力』になっている」と述べた。

大手新聞社や影響力のある政治家から提起された潜在的核保有論は、核エネルギーの民事利用が軍事利用と不可分であるという核開発の歴史を思い起こさせるものだ。

原子力基本法の「改正」

さて、野田政権下では、原子力基本法に大きな変化があった。

二〇一二年六月、原子力規制委員会設置法が成立した。原子力を規制する機関の独立は長らく求められてきたが、原発災害後にようやく実現したのである。しかし、その附則第一二条で、原子力基本法も改正された。通常の法律によって基本法が改正されるのは前代未聞である。では、どのように改正されたのか。

そもそも、一九五五年一二月に制定された原子力基本法の第二条には、「原子力の研究、開発及び利用は、平和の目的に限り、安全の確保を旨として、民主的な運営の下に、自主的にこれを行うものとし、その成果を公開し、進んで国際協力に資するものとする」とある。「平和の目的に限り」という文言は、核技術の軍事転用を禁じるものだ。

改正では、原子力基本法の第二条に次の条項が追加された。「前項の安全の確保については、確立された国際的な基準を踏まえ、国民の生命、健康及び財産の保護、環境の保全並びに我が国の安全保障に資することを目的として、行うものとする」という条項である。このうち、「我が国の安全保障に資すること」という文言は自民党の主張を取り入れたものだった。

なぜ「安全保障」という言葉を付け加える必要があるのか。原子力発電は核兵器とも関係する技術であり、そこで「安全保障」という言葉を使うことは、従来の原子力基本法の精神を逸脱するものであり、海外からも警戒されるのではないか。明言はされていないが、潜在的核保有の意図の表れとして理解することも不可能ではないだろう。

「革新的エネルギー・環境戦略」の躓《つまず》き

二〇一二年九月六日に、野田内閣の閣僚たちによる民主党エネルギー・環境会議が核燃料サイクルの見直しを政府に提言した。しかし、民主党の提言は六ヶ所村議会と青森県知事から強い反発を受ける。第一章でも確認したが改めて簡潔に整理しておこう。

六ヶ所村と青森県と日本原燃は、再処理事業が困難になった場合、使用済み核燃料の施設外への搬出を行うという覚え書きを交わしていた。この覚え書きに基づき、六ヶ所村議会は、九月七日に意見書を可決する。意見書の内容は、政府が再処理事業から撤退するならば、使用済み核燃料を搬出し、英仏から返還される放射性廃棄物を受け入れず、さらに国に損害賠償を求めるというものだった。「覚え書き」に基づいた「意見」であって法的な裏付けはないが、非常に強い圧力ではある（長谷川「核燃料サイクルと『六ヶ所村』」）。

強い反発を受けたエネルギー・環境会議は、はやくも一四日に「再処理継続」へと転じる。その結果、同会議がまとめた「革新的エネルギー・環境戦略」は、一方では「二〇三〇年代に原発稼働ゼロ」を明記しながら、他方では再処理を続けて核燃料サイクル計画を維持するという「戦略」になった。

しかし、再処理を続けておきながら原発を止めるならば、プルトニウムが減らないのは自明である。これにアメリカが反発するのも、ある意味では当然だった。アメリカは、核不拡散という安全保障上の観点から、他国が再処理によってプルトニウムを持つことを懸念してきた。ただし、日本は特別扱いされており、日米原子力協定では、核兵器を持たない国のなかでは唯一、日本が核燃料の再処理やウラン濃縮を行うことを認めている。つまり、例外である日本がさらにプルトニウムを溜め込むと、再処理の権利を主張する各国に示しがつかないのだ。

また、経済界や原発立地自治体も、自らの利益のために「二〇三〇年代に原発稼働ゼロ」に反対する。これらの反対を受け、野田内閣は方向転換を余儀なくされた。「革新的エネルギー・環境戦略」の閣議決定は見送られ、その代わりに「原発ゼロ」という言葉を省いた文書を閣議決定したのである。

脱原発運動の諸相

民主党政権が脱原発の方向性を試行錯誤するなか、原発への抗議運動は盛り上がりつつあった。

発端は、二〇一一年四月一〇日に東京・高円寺で実施された「原発やめろデモ」である。

主催者は、リサイクルショップ「素人の乱」を経営する松本哉《はじめ》で、祝祭的な場をつくることに長《た》けた松本のアイデアもあり、一万人以上が集まった。原発災害後、最初に起こった大規模なデモとして特筆に値する。

その後、既存の団体や知識人の呼びかけによる運動も活性化した。二〇一一年九月に東京・明治公園で「さようなら原発　五万人集会」が開催され、約六万人の市民が集結。同月、脱原発を主張する諸団体をつないで「首都圏反原発連合」が結成され、二〇一二年からは首相官邸前での抗議活動が始まる。官邸前の抗議デモは、毎週金曜日に開催され、二〇一二年六月から七月にかけては、主催者発表で二〇万人もの多様な人びとが集まる巨大なうねりとなった。

国会周辺にこれだけの人間が集まったのは一九六〇年の安保闘争以来だった。現代の日本人は社会運動に関心を持たないという俗論があるが、原発災害後の反原発運動の盛り上がりはそうした俗論に修正を迫るほどの隆盛をみせた。二〇一三年には特定秘密保護法への反対運動が、二〇一五年には「平和安全法制」への反対運動が起こったが、それらの底流には二〇一一年から一二年にかけての反原発運動があったと理解することができるだろう。

他方で、一風変わった抗議運動も話題になった。二〇一二年一二月の衆院選の際には、活動家の外山恒一《とやまこういち》らが、「原発推進派懲罰遠征」と称して、九州各地の原発推進派候補者の選挙カーを、「原発問題を争点に」と書いた街宣車で追いかけるという活動を行った。二〇一三年の参院選では、外山らは「ほめ殺し」の戦略として街宣車に「私たち過激派は原発を推進する自民党を支持します」と書いた看板を掲げて、北陸、東北、北海道を巡回した（『改定版　全共闘以後』）。外山の活動は『朝日新聞』のオピニオン欄でも大きく取り上げられるなど、貴重な少数派としてインターネット以外でもよく知られるようになった（『朝日新聞』二〇一三年七月二七日）。選挙を否定する外山だが、彼の運動には抗議方法に工夫があり、特定の目的のために運動を起こすというよりも、多数の人間が集い離れていく運動の「場」自体をつくることを重視しているようにさえみえた。

2　自公政権下の再稼働

原発災害の矮小化《わいしょうか》

二〇一二年年末の衆議院選挙で自民党が大勝し、再び政権与党の座に座った。成立した第二次安倍内閣は、民主党政権下で決まった「革新的エネルギー・環境戦略」の見直しに着手した。二〇一四年二月に発表された「エネルギー基本計画（案）」では、好循環に入りつつある経済と二〇二〇年東京オリンピック・パラリンピックを念頭に、それらを支えるためには安定したエネルギー需給構造が必要だと述べられていた。さらに、政策の方向性として、慎重な留保を重ねながらも、「原子力規制委員会により世界で最も厳しい水準の規制基準に適合すると認められた場合には、その判断を尊重し原子力発電所の再稼働を進める」と明記されている。

結果的に憲政史上最長を記録した安倍政権の「成果」は二つあるように思われる。第一に、東日本大震災からの「復興」を進めながら、実際には原発災害のインパクトを矮小化し続けたことが挙げられる。それを代表する言動が、二〇一三年秋にアルゼンチンで開かれた国際オリンピック委員会の総会でみられた。五輪招致演説の冒頭で安倍首相は次のように述べた。「フクシマについて、お案じの向きには、私から保証をいたします。状況は、アンダーコントロールされています」。問題を矮小化する典型的なレトリックだが、二〇二〇年に入っても汚染水問題と燃料デブリの取り出し問題については、解決の目途が立っていない。アンダーコントロールとはほど遠いというのが現状である。第二に、安全保障関連である。これは集団的自衛権の行使容認の閣議決定から、いわゆる「平和安全法制」の制定を指している。

原発輸出攻勢と失敗

本書では第一の「成果」に注目しよう。安倍首相は原発関連企業の「復興」に熱心だった。自らが前面に出て、原発輸出を推進したのである。

安倍首相は、二〇一三年四月から五月にかけて中東諸国を訪問すると、訪問先のアラブ首長国連邦とトルコで原子力協力協定に署名した。これは首相自らの「原発セールス」だと報じられた。安倍首相は同年一〇月に再びトルコを訪れると、それに合わせて三菱重工業が主導する企業連合がトルコ政府と原発受注で正式合意した。三菱重工らが、黒海沿岸に原発四基を新設するプロジェクトで、事業費は二兆円を超えるといわれた（『朝日新聞』二〇一三年一〇月三〇日）。

原発災害後、国内での原発新設は難しいなか、成長戦略の目玉として首相自ら原発を売り込み、その成功を誇った。また、原発技術者の空白を生まないためにも、原発受注は大切だとされた。確かに、原発関係の労働者の数は、二〇一一年以降右肩下がりだ。管理・業務・営業部門、設計・製造・品質管理・工程管理部門、研究開発部門、技能職を合わせた人員の数は、二〇一一年の一万三五八二人から、二〇一九年には九九七六人にまで減っている（日本電機工業会の統計）。原子力産業の焦りには一定の根拠があったといえそうだ。

しかし、原発輸出計画は、その後、暗雲が立ちこめた。

安全対策費が膨れ上がり、事業費が当初の想定を大幅に上回ったため、トルコが難色を示し、トルコの計画は二〇一八年に事実上、凍結された。難航したのはトルコだけではない。日本が原発を売り込んだ他の国でも、計画の断念が相次いでいた。日立や東芝、三菱重工などが関わった台湾での計画が二〇一四年に凍結。民主党政権時代に合意したベトナムの計画は、二〇一六年に撤回された。日立がイギリスで原発二基を建設する計画も、二〇一九年一月に凍結が発表され、その後撤退が決まった。日本政府が成長戦略として進めてきた原発輸出計画は、完全に失敗に終わったのである。

3　フクシマを語るということ

戦争とのアナロジー

原発災害後の日本の論壇では、「原発大国」となっていた現代日本の構造を、戦争を遂行した一九三〇年代から四〇年代前半の日本との類比で捉えるという議論が起こった。原発災害は、原発とその周辺地域にとどまる問題ではなく、社会全体を巻き込む巨大な社会的・政治的現象であり、それゆえに戦争を想起させたのだろう。さらには、原発を生み、原発災害に対応する現代日本社会の権力構造への関心も深まった。以上の二点が直接的な要因となって、戦争と原発災害とのアナロジーが設定された。

代表的な論考を四本挙げておこう。

思想史家の酒井直樹は、原発災害後の日本における「責任」の所在の曖昧さを、「無責任の体系」と呼ぶことで、戦時期の日本文化からの連続性のなかで原発災害を捉える議論を行った（「『無責任の体系』三たび」）。

酒井の日本文化論・思想論に対して、科学史家の山本義隆は原子力を推進してきた体制に目をつけた。交付金による地方議会の切り崩し、広告費によるマスコミの抱き込み、安全宣伝、寄付講座による大学研究室抱き込みなどを指して「翼賛体制」「原発ファシズム」と呼んだ（『福島の原発事故をめぐって』）。

他方で、ジャーナリストの上丸《じょうまる》洋一は、戦後日本の原子力体制を満州国（現・中国東北部）との類比で理解しようと試みた。一九三一年の満州事変以後、陸軍を中心として積極的な広報活動が行われた。たとえば、「満州は日清・日露戦争で多大な犠牲を払って手にしたものである」、「ソ連に対する国防上、重要な地域である」、「満州の豊富な天然資源は日本の発展に欠かせない」。こうした言説を再生産し、社会にばらまいた新聞ジャーナリズムが、戦後は原子力「平和利用」で同じ轍《てつ》を踏んだというのが上丸の議論だ（『原発とメディア』）。

最後に、満州との関係で、経済史家の安富歩《やすとみあゆみ》の議論を挙げておく。安富は、原発立地自治体と満蒙《まんもう》開拓団に類似点を見出している。満蒙開拓団の人びとは、経済的利益を求めて国策に従ったあげく、最終的に故郷を失った。その姿と、災害後に避難を余儀なくされた原発立地自治体の人びとのあいだには、近代の国策が生み出す負の側面が集約的に表れているのではないか――そのように安富は指摘した（『満洲暴走 隠された構造』）。

それぞれ示唆に富む議論であり、歴史的・文化的・思想的に原発にアプローチする際にヒントを与えてくれる。国家や原子力共同体の「無責任」や「暴走」の帰結として原発災害があったのであり、その姿は戦争を止められなかった過去の日本とよく似ているという議論は説得力がある。

ただし、これらの議論は、これからの日本社会と原発災害の向きあい方について、何か具体的な提案をするものではない。各人が専門に基づいて戦争との類比を導き出してはいるが、戦争と似ているのであれば、「戦後処理」はいったいどうなるのだろうか。法廷での責任追及だけではなく、原発災害をいかに継承していくのかという問題もあるだろう。その問題に切り込んだのが、批評家の東浩紀《あずまひろき》らによる「福島第一原発観光地化計画」だった。

福島第一原発観光地化計画

二〇一二年の秋、東浩紀らが「福島第一原発観光地化計画」を立ち上げた。この計画は、事故から二五年後の福島第一原発の跡地を「観光地化」するというもので、そこに、どのような施設をつくり、何を展示し、何を伝えるべきなのか、を検討するプロジェクトだった。

東らは『チェルノブイリ・ダークツーリズム・ガイド』(ゲンロン、二〇一三年)、『福島第一原発観光地化計画』(ゲンロン、二〇一三年)を刊行した。そのなかでは、福島県楢葉町《ならはまち》のJヴィレッジを再開発し、博物館やモニュメントを建てて観光客を呼び込むという「ダークツーリズム」が提案されている。東らがこうした提案を行ったのは、記憶の風化に抗《あらが》うためだった。「安全か危険か」「原発推進か脱原発か」を論じるだけでは、「故郷に住みたいと望む人や、原発作業員への思い」を見落としてしまう。被災地以外の人びとが福島と向きあうための仕掛けとして観光地化計画を提案したのだという（『読売新聞』二〇一四年三月六日）。

しかしながら、「福島第一原発観光地化計画」は、目立った成果を残せなかった。ホームページには、「最終的には、民間発のユニークな復興案のひとつとして、現実の復興計画に活かされることを目的としています」とあったが、彼らの提案が復興計画に取り入れられることはなかった。

その後、東は「提案は冷笑されるか批判されるだけだった。ぼくは率直に失敗を認める」と述べて、観光地化計画を総括した。失敗の原因について、東は観光地化計画が日本人の記憶の「伝統」と衝突するものだったと述べている。

この国では、復興は忘却とひとつになっている。復興は穢れがなくなることを意味している。だとすれば、原発事故の跡地を傷ついたすがたのまま、つまり穢れたすがたのまま残し、観光客に公開しようというぼくたちの提案は、記憶をめぐる日本の伝統にまっこうから衝突するものだったにちがいない。理解を得られないのはあたりまえだ。

（『テーマパーク化する地球』）

失敗の原因がそれだけだったかどうかはわからない。巨大な予算が投入される福島第一原発の周辺の「復興」について、「魅力的」な青写真を提供するのは時期尚早だったという単純な事実が、失敗の原因としては大きいのではないか。なにしろ、廃炉計画は一応公開されているが、計画通りに事が運ぶかどうかは、見通しが立たないのだから。そのような状況で広島やチェルノブイリのダークツーリズムを例に挙げながら「観光地化計画」を持ち出しても、批評的問題としてしか受け止められず、多くの人とカネを動かす復興事業に関わるのは難しいだろう。

しかし、「復興は忘却とひとつになっている」という東の指摘は重要である。確かに、国や自治体による復興が、場所や建造物を「傷ついたすがたのまま」残すことはほとんどない。誰もが思い浮かべる原爆ドームでさえ、一九七〇年代までは、悲惨な過去を思い出すから取り壊してほしいという意見があったほどだ。

忘れてしまいたい。なかったことにしたい。そうした心情はいつの時代も個人のなかに芽生えるものだが、巨大な災害のあとには忘れたいという思いが集合的な感情になることもある。しかし、その災害が、明らかな人災であればどうだろうか。東日本大震災後の日本社会は、地域の差こそあれ、忘却願望を抱え込んでいたが、それが、原発災害を人災として捉える理解を弱めてしまったようにみえる。さらに付け加えれば、二〇一一年三月一一日以降の忘却願望は、七年八カ月に及んだ安倍政権の「安定」とも無縁ではないだろう。

さて、東がいうように、日本では復興と忘却が分かちがたいものだとしても、完全な忘却は起こらない。社会は「何を記憶し、何を忘れるのか」という選択をその都度繰り返している。日々行われる選択は、「誰にとっての原発災害か」という当事者性の問題とも関わっている。福島県民が当事者なのか、そうではなく福島第一原発に関心を持つ者が当事者なのか、という問題だ。「誰が当事者か」という問いに対する答えは、当然ながらそれを語るメンバーや場所によって変わってくるものであり、何か客観的な指標に基づいて当事者か否かの線引きをすることはできない（それゆえに、補償の問題はいつも係争の対象になる)。

「福島第一原発観光地化計画」の「失敗」を認めた東は、東京から福島第一原発を記憶し続ける方法を模索していた。世界史的な出来事であるはずの福島第一原発の事故を、いち早く忘れようとしているのは、「東京」という言葉で表される中央、多数派、政治・経済エリート、マスコミ、電力消費者の世界である。その「東京」から福島第一原発を考えることには、確かに一定の意義がある。

東京から福島第一原発事故の風化に抗おうとしていた東は、ある書物に「大きなとまどい」を覚えた。その書物は、ともに「福島第一原発観光地化計画」に関わった社会学者・開沼《かいぬま》博の著書『はじめての福島学』だった。東がとまどったのは、次のような記述だった。

開沼は、『はじめての福島学』のなかで、福島をめぐる言説に無理解と差別があることや、被災地・被災者を「食い物」にするような活動があることを徹底して批判した。そのうえで、開沼は、福島の人びとに迷惑をかけないことが大事だとし、県外の人間の「善意」が「ありがた迷惑」になることもあると主張した。

これに対して東は、開沼が「善意が福島県に利益をもたらすのかどうか、そして県民がそれを利益だと感じるかどうか、それだけしか基準を提示していない」とし、県外の人間はあの事故について黙るしかないのか、と自問している（『テーマパーク化する地球』）。

開沼は、「福島」の不利益やいわれのない差別を減らすことを第一の目的にして、軽々しく印象だけで「福島」を語る人間を拒絶している。その意味では、開沼が問題視する対象は限定的なものだ。他方で、東は、世界史的出来事を語り継いでいくにはむしろ狭義の当事者以外の人間を巻き込んでいく場所が必要だと考えており、それゆえに「福島」に多様な問題を投げ込んで議論の活性化を図ってきた。あえていえば、問題を拡大しようとしたのだ。おそらく、開沼が「ありがた迷惑」と拒絶しているのは、根拠もなく印象だけで「福島」をわかった気になる人間なのであって、そこには東らは含まれていないはずだ。両者は初めからすれ違っていたとの感想を禁じ得ない。なお、開沼に対する東の疑問を受けて、『毎日新聞』の夕刊で二〇一五年八月三日から、東と開沼の往復書簡が企画されたが、二人の対話はすれ違いに終わった。

4　国民統合と差別

震災後の国民統合と「感謝」

震災後の原発に関する報道では、それ以前よりも当時の天皇・明仁の存在感が増した（以下、天皇・明仁については天皇とだけ記す）。

天皇自身、東日本大震災と原発災害を憂慮していたようで、発災直後の二〇一一年三月一五日には、前・原子力委員会委員長代理の田中俊一から原発の仕組みと安全対策について説明を受けたという。続いて、一六日には放射線被ばく、二四日には放射線健康管理、二九日には乳児の放射線被ばく、四月四日には放射性物質の環境影響について説明を受けている（『朝日新聞』二〇一四年五月二日）。

三月一六日には、天皇によるビデオ・メッセージがテレビで放映された。被災者を見舞い、関係者を労《ねぎら》うメッセージのなかには、原発への言及もあった。「現在、原子力発電所の状況が予断を許さぬものであることを深く案じ、関係者の尽力により事態の更なる悪化が回避されることを切に願っています」という文言がそれである。そもそも、天皇が、会見というかたちではなく、テレビを通して国民に語りかけたのは、初めてのことだった。

さらに、天皇は二〇一二年一月一日の「新年の感想」で「原発事故によってもたらされた放射能汚染のために、これまで生活していた地域から離れて暮さなければならない人々の無念の気持ちも深く察せられます」と述べた。これ以降、天皇は五年連続で「新年の感想」のなかで原発に言及することとなった。二〇一二年一〇月一三日には福島県川内村《かわうちむら》を訪れ、放射性物質の除染作業を視察している。

そもそも、平成時代の天皇はその職務について、信念を感じさせる行為が目立った。天災が起これば被災地を訪れ、ハンセン病患者を慰問し、老人ホームを訪問し、戦死者の慰霊のために沖縄やサイパンへの旅を繰り返した。原発災害への関心も、その延長上にあったと思われる。

さて、問題は、天皇の行為を受け止めた日本社会のほうである。原発災害以降の数年間は、実は、国民統合の象徴という象徴天皇制のあり方が、戦後もっとも明確に意識された時期だったといえる。

作家の池澤夏樹の言葉をみてみよう。池澤は、平成の天皇と皇后について「我々は、史上かつて例のない新しい天皇の姿を見ているのではないだろうか」と述べて次のように締めくくった。「今上と皇后は、自分たちは日本国憲法が決める範囲内で、徹底して弱者の傍らに身を置く、と行動を通じて表明しておられる。お二人に実権はない。いかなる行政的な指示も出されない。もちろん病気が治るわけでもない。／しかしこれほど自覚的で明快な思想の表現者である天皇をこの国の民が戴《いただ》いたことはなかった」（『朝日新聞』二〇一四年八月五日夕刊）。

池澤の言葉はあくまで一例に過ぎないが、ビデオ・メッセージで国民に呼びかけた天皇に対する日本社会の多くの人びとの心性を表しているのではないか。その心性をひと言で述べるなら「感謝」である。平成のＪ－ＰＯＰには、耳に残る「感謝ソング」が多かったが、それも社会の意識の一つの表れにみえる。敵対性を緩和する「感謝」という態度が公的に広まると、批判という営みまでも避けられるようになるのではないか。他方で、敵対性はネット上の匿名空間で培養され、ときに爆発して現実空間に顔を出すようにもなった。

避難者の置かれた状況

次に、原発災害によって避難を余儀なくされた人たちへの差別という問題を取り上げる。マクロなレベルでは国民統合は進んだと考えられるが、避難者たちの日々の具体的な生活のなかでは、見過ごせない排除の動きも確かに生じていた。

まず、文部科学省のHPから、原発災害後の避難状況を整理しておく。

発災翌日の二〇一一年三月一二日早朝、政府はまず福島第一原発から半径一〇キロメートル圏内の住民に対し、圏外への避難を指示した。避難指示領域は一二日夜に二〇キロメートル圏内に拡大し、二五日には二〇―三〇キロメートル圏内の住民に自主避難が要請された。また、指定された圏域外の住民も、自主避難を選択する人が多かった。もっとも、自主避難は福島県内に限らず、全国でみられた現象である。こうして、原発周辺の住民は、それぞれ福島県内や首都圏、そして全国に避難することを余儀なくされた。文部科学省の推計によれば、二〇一一年八月の時点で、福島県から県外への避難者の総数は約三万人、県内への避難者は約七万三〇〇〇人、県内外に自主的に避難した人は約四万八〇〇〇人で、合計一五万人を超えた。

避難者が置かれた状況は、多様という他ない。厳密にいえば、一人ひとりに固有の避難の現実があったのである。避難所に入るか、親族の元に移り住むか、また経済的に余裕があれば新たに賃貸住宅を借りることができた人もいた。こうした状況に加えて、世代や家族構成、労働環境など多様な要素が絡まりあい、様々な避難の状況が生じた。

問題をより複雑にしたのは、慰謝料・賠償金の存在だった。

約八万人の避難指示区域内の住民は、原発災害によって強制避難を余儀なくされた。この約八万人に対しては、東電から賠償金と慰謝料が支払われた。賠償金の額は、不動産や家財、減収分などに応じて決まる。他方、精神的苦痛に対する慰謝料の支払いは、一人あたり月一〇万円だった（これは二〇一八年三月分で終了）。また、政府と福島県による避難先住宅の提供は二〇一七年三月で終了している。

一般的に、慰謝料や賠償金は、当事者の苦痛、ストレスなどを数値化するが、「妥当な金額」を定めるのは極めて困難である。加えて、もらえる人ともらえない人とのあいだに線引きが行われる。そのため、賠償金をめぐって次のような事態が生じた。

「いくらもらったという話は被害者の間でもタブーです。以前の仕事や財産のほか、特に家族構成で賠償金には大きな違いが生じました。『精神的苦痛』への賠償は1人あたり750万円、帰還困難区域の場合はさらに700万円。道一本隔てて額がまったく違うこともある。他人と比べれば途端にギスギスするし、実際に多くの人間関係が変わりました」

（『朝日新聞』二〇一八年三月七日、日本原子力発電元理事・北村俊郎へのインタビュー記事より）

この事例は、原発を維持することの社会的コストがいかに高くつくかを如実に示している。賠償金の支払いが、共同体の人間関係を変えていく。原子力関係施設の用地買収でも、空港の用地買収でも、同様の事例は事欠かない。もっとも、賠償金による分断というだけならば、「よくある話」なのかもしれない。しかし、原発災害の場合は、放射線被ばくに関わる差別も生じる。

差別の表面化

報道を辿れば、はやくも二〇一一年四月には、差別という言葉が大きく取り上げられている。四月二二日の『毎日新聞』の社説は「被災者への差別　誤解と偏見をなくせ」と題して次のように述べた。

悲劇の渦中にありながらつつましやかな被災者の姿が国内外の人々の心を打つ一方、心ない差別やいじめに苦しむ被災者がいる。福島ナンバーの車が落書きされたり、「どけ」と言われる。ホテルへの宿泊を拒否される。避難している子どもが「放射能がついている」といじめられる。全体から見れば少数かもしれないが、根拠のない差別は厳に戒めなくてはならない。

この社説にあるように、被災者、避難者への誤解と偏見が差別を生むという事例は少なくなかった。四月一六日の『朝日新聞』は次のように報じている。

千葉県船橋市では、「福島から来た児童が地元の子どもたちから避けられた」とする報道もあり、市などが対応に追われた。

発端は、避難者の支援活動をしている市議が3月下旬、福島から避難している70代女性と40代男性の親子から聞いた話。「船橋に避難した親類の子が市内の公園で遊んでいる時、福島から来たと言ったら避けられた。子どもたちは船橋に転校するのをやめた」といった内容だった。

これらの報道から浮かび上がるのは、避難した被災者のなかでも、主に子どもに関わる偏見やいじめが問題化されているという点だ。その傾向は、以後の報道にも一貫している。二〇一六年一一月二六日の『読売新聞』の報道は、次のような母親の声を伝えている。「子供が転入先の学校で『ばいきんまん』と言われた」（四〇歳代・女性）、「クラスの子に放射能を浴びていると言われ、つらい思いをした」（三〇歳代・女性）、「千葉に避難していた時、子供が、放射能がうつる、東電からお金をもらっていいねと言われた」（四〇歳代・

女性）などである。雑誌『世界』二〇一七年四月号に掲載されたレポートでも、いじめ問題として避難者の子どもへの偏見・差別が問題視されている（黒澤知弘「追い詰められている避難者の子どもたち」）。また、この問題については、医療人類学の知見から「原発避難いじめ」の実態をアンケート調査した研究も存在する（『福島原発事故 取り残される避難者』）。

差別の事例を報道から確認してきたが、次に、各種調査をみてみたい。

まずは、二〇一三年に実施された早稲田大学と福島県浪江町《なみえまち》による調査（「浪江町被害実態報告書」）を確認する。この調査は、避難中の全一万一〇九世帯（総人数二万一四三六人）のうち高校生以上の町民に対して、家庭の経済状態や生活実態を尋ねるアンケート調査である（有効回答、九三八四通）。この調査は、差別関係の質問項目を設けていなかったが、回答用紙の自由記述欄には避難先で家族が受けた差別や偏見、子どものいじめ被害の例が、約三〇件書かれていた。

次に、新聞社による世論調査を確認する。二〇一七年二月二五・二六日に実施された『朝日新聞』と福島放送による福島県での世論調査では、差別という言葉を質問項目のなかに書き込んでいる。「福島第一原発事故のあと、福島県民であることで、差別されていると感じることがありますか」と踏み込んだ質問をしている。これに対する回答は、「ある」が三〇パーセント、「ない」が六六パーセントだった（『朝日新聞』二〇一七年三月三日）。

こうした福島県民への差別とは別に、インターネット上では放射線被ばくのリスクを大きく見積もる人びとに対する差別的言辞が目立った。西日本へと自主的に避難した人びとや、福島産の食品を避ける人びとに対して、「放射脳」というネットスラングが投げつけられるようになった。こうしたネット上での中傷は、書き込んでいる当人の日常回帰願望が他者への攻撃として表面化したものだろう。あるいは、自分が心配ないと思っている事態を他者が不安視していると知ると、一種の心理的防衛機制から攻撃へと移るのかもしれない。

『ボラード病』

原発災害後、一方では国民統合が進み、他方では被ばくに関わる差別の実態も表面化した。こうした社会の様態を、見事に捉えた文学作品がある。芥川賞作家の吉村萬壱《まんいち》による『ボラード病』である。この作品は、以下に検討するように、社会の潜在的な対立や分断、抑圧などの問題を可視化させることを狙った作品だ。

小説の舞台は、海塚市と呼ばれる架空の地方都市である。海塚市に住む小学生の「恭子」の視点で書かれた一人称小説だ。何らかの大災害（災害の内容は明示されない）から八年後、復興した海塚市では、子どもたちの原因不明の死が続いている。しかし、この異常事態を、異常だと指摘する者はいない。異常だと口にした者は、「病気」だと見なされて隔離されることさえあるのだ。市役所は「安全基準達成一番乗りの町・うみづか」という垂れ幕を掲げ、自治体ぐるみで安全をアピールしている。こうした設定は、原発災害後の日本社会、特に福島県内の自治体を読者に強く想起させる。

主人公も母親も、異常に気付いてはいる。たとえば、母親は主人公に魚を食べさせない。また、生徒たちは学校で「海塚讃歌《さんか》」という歌を習い、教師も生徒も喜んでそれを合唱するが、主人公は上手に歌えず、違和感を捨てられないでいる。大災害後の日常は主人公の感覚を乱していく。その過程がもっとも顕著に表れるのが、病死した同級生「アケミちゃん」の葬式の場面である。葬式で、「アケミちゃん」の父親は、次のように挨拶する。やや長くなるが、引用したい。

そして、アケミはよく言っていました。

お父さん、海塚の玉葱が一番おいしいね、お父さん、海塚の魚が一番安心だね、と。思えば海塚というところは本当に幸運な町だと、感無量であります。私は、食べろ食べろと言いまして、一緒になって食べていたらこの体《てい》たらくでして（アケミちゃんのお父さんは、お腹を叩きました）。

アケミの人生は十一年でしたが、その内復興期の八年間を大好きなこの町で過ごせて、幸せだったのではないかと思います。

娘が死んでしまったことは、悔しくて堪りません。そういう運命だったのだとしか、言いようが御座いません。納得は出来ません。それは、一生出来ますまい。しかし、アケミは、海塚の子として、永遠に海塚と共に生きていると私は思いたい。

アケミを、この町の一部として永遠にこの町に刻み付けさせて頂きたい、と私はお願いしたいのです。皆さん、どうでしょうか？」

「いいぞ！」「勿論だ！」「海塚！」と声が挙がって、そして満場の拍手が沸き起こりました。これは、通夜や告別式のお定まりのパターンでした。会場内に熱気が充満しました。喉が痒《かゆ》くなって、私は何度か咳をしました。すると拍手していた浩子ちゃんと浩子ちゃんのお母さんが、揃って私の非礼を咎めるように覗き込みました。

（『ボラード病』）

引用部では、喪《うしな》った娘について、父親が「復興期の八年間を大好きなこの町で過ごせて、幸せだった」と述べると、「満場の拍手」が起こる。それが、「お定まりのパターン」だったと語られている。親族だけでなく地域共同体のレベルで、「復興」を言祝《ことほ》ぎ、魚を食べることが奨励されていることがわかる。

原発災害後の日本で、「頑張ろうニッポン」や「絆《きずな》」という言葉が頻繁にマス・メディアで語られたことは記憶に新しい。特に、コマーシャルやポスターなど接触時間が短いメディアにおいて、その傾向が強かった。震災と原発災害のショックは、一定数の人びとを委縮させた。なかには一種の自己防衛のように、内向きの態度を知らぬあいだにとっていた人もいたのではないだろうか。文字通り自らの立つ基盤が揺らぎ、存在の不安に直面した人びとはそれに耐えられず、もっともわかりやすいルーツである「ニッポン」や「絆」にすがったかのようだ。『ボラード病』という小説は、そうした社会の動きを的確に捉えていた。

汚染水問題と燃料デブリ

二〇二〇年現在、原発災害は終息したのだろうか。本書の最後では、福島第一原発の現状を取り上げたい。廃炉作業を悩ませている問題は、汚染水と燃料デブリの二つだ。

一―三号機の原子炉で溶け落ちた核燃料を冷却するために、現在もなお、水が注がれ続けている。建屋の破損した部分などからは地下水や雨水が流れ込み、それも汚染水が増える要因になっている。では、放射性物質に汚染された水はいったいどれくらいのペースで増えているのか。事故から九年目の二〇一九年度には、一日あたり平均で一八〇トンもの汚染水が生まれていると公表された。

当然ながら、汚染水を減らす努力はなされている。「凍土壁」計画というものがあった（いまもある）。地中に氷の壁をつくって建屋を囲み、汚染水の流出を阻止するという計画である。約三四五億円を投じ、二〇一六年に実施されたが、効果不明なまま年十数億円の維持費を使っているという状況だ。

いまのところ、汚染水対策としては「セシウム除去装置」「淡水化装置」「多核種除去設備」などの装置によって放射性物質を除去する方法が採用されている。しかしながら、処理したあとにもトリチウムという放射性物質が微量ながら残っている。そのため、処理済み汚染水として保管されているのだが、その保管タンクは原発敷地内に増え続け、タンクの数は一〇〇〇を超えた。

東電は、二〇二二年夏ごろにタンクが満杯になると説明してきた。だが、『朝日新聞』の報道によれば、満杯になる時期は、汚染水の増加量が想定より少ないと数カ月ほど遅くなる。二〇二〇年に入って、汚染水の増加量は一日あたり約一四〇トンと、東電の想定を下回っているため、満杯時期は計算上、二〇二三年にずれこむ可能性もあるという（『朝日新聞』二〇二〇年一〇月二四日）。処理済み汚染水については、関係者が海洋放出の可能性についてたびたび言及し、風評被害を恐れる地元の漁業者たちからは反対の声があがっている。

やや話が逸れるが、原子力関係施設から出る放射性物質の管理には、「あと○○年でスペースがなくなる」とか『容量を超える』などという予測が頻繁になされる。事故による汚染水は「想定外」で、余剰プルトニウムや放射性廃棄物については計画通りにいかなかったと説明され、説明を受ける側もそれに慣れてしまったところがある。そもそもの想定や計画を立てた人びとの倫理的責任は問われない。こんなところにも未来責任の問題が顔を出す。すでに日本社会は、過去の原子力共同体の想定や計画によって、問題を押しつけられている。

話を汚染水に戻そう。汚染水の貯蔵タンクの容量に限界があるため、放射性物質が法令の基準値以下になった処理済みの汚染水を海に流すという「海洋放出」が提案されている。人体に影響はないというが、福島県内の市町村議会は、新たな風評被害を招くとして反対表明や保管継続の要望を出している。福島の海産物を買うか買わないかは各人の自由だが、結果として福島の生産者や漁業者が風評被害を受ける可能性は否定できない。それは、福島の不利益や風評被害が構造的に固定化されることを意味する。失われる利益がどれくらいなのか正確に計算できないが、最終的には補償の問題になるだろう。

汚染水が増え続ける直接の原因は、溶け落ちた核燃料（燃料デブリ）だ。それを取り出さない限り、汚染水は増え続ける。では燃料デブリ対策はどうなっているのだろう。

廃炉作業の中核的位置を占める燃料デブリの取り出し作業は難航している。東日本大震災の際に溶け落ちた燃料デブリを取り出す作業は、二号機で二〇二一年内に、三号機では二〇三一年までに始めることを目指すとしている。建屋内には、溶け落ちたデブリとは別に、使用済み核燃料も存在する。

もっとも難しいとされるのが、一号機である。燃料デブリの状況を確認できていないからだ。使用済み核燃料取り出しの開始は、はやくても二〇二七年度が予定されている。その前には瓦礫の撤去をする必要があるが、撤去の際に汚染されたダストが飛散するのを防ぐため、一号機を覆う大型カバーを建造しなければならない。その大型カバーの完成が二〇二三年度の予定である。

調査が進んでいる二号機では、ロボットアームで燃料デブリを取り出す計画だ。電力会社や原子炉メーカーがつくった国際廃炉研究開発機構（ＩＲＩＤ）が、ロボットの開発を進めている。

計画通りに進むのかはわからないが、こうした困難な廃炉作業に挑む技術者や作業員たちの確保とケアも、廃炉の過程で重視されるべきだろう。原子力共同体は優秀な人材が集まらなくなることを危惧しているようだが、廃炉に関わる仕事は決してネガティブなものではない。二〇世紀の人類が模索した核エネルギーの民事利用を着実に終わらせていくという責務がある。また、放射性廃棄物の長期にわたる管理にも、同様の意義があるだろう。原発や核燃料サイクルへの賛否にかかわらず、日本社会は放射性物質というやっかいなものと向き合い続けなければならないからだ。

原発災害を忘れさせようとする力と、忘れたいという願い。両者が手を取りあって、原発や原子力施設、および廃炉の過程が再び私たちの視界から外れつつある。同時に、核兵器の問題も、教育の場や「八月のジャーナリズム」を通してしか意識されない。核エネルギーを利用するシステムのなかで生きながら、それに目を閉ざすという状態に戻るならば、第一章で取り上げた構造的差別という問題は温存され続けるだろう。それが果たして生きやすい社会なのかどうか、二〇一一年から一〇年後のいま、改めて考え直してみたい。

おわりに

本書では、核エネルギーを利用するシステムを批判的に考察するために、論点を整理し、過去を振り返り、現状を確認してきた。

二〇一一年三月一一日以降、私たちの核に関する認識は変わったのだろうか。ほとんど変わっていないと思える部分を、社会的認識の二面性という観点から、三点指摘しておきたい。多様な人間と集団からなる社会に定着している特定の認識には二面性はつきものである。ただし、そうした一般論に回収したいのではなく、二面性に直面することで日本社会の現在の姿を浮き彫りにするのが目的である。

第一の二面性は、核兵器と原子力発電とを峻別し、前者を否定し、後者を肯定するというものである。これは戦争で被爆した日本が、一九五〇年代に原子力平和利用の世界的潮流にアメリカ側の一員として参加するという歴史的条件から生まれた二面性である。ただし、これについては留保が必要だろう。

核兵器については、日本社会の大多数は否定的な認識を持っているが、安全保障という側面では、実態としてはアメリカの核兵器に依存している。そのため、国連の核兵器禁止条約に日本は参加していない。日本は核兵器禁止条約の目的である核廃絶を否定はしないが、アプローチは異なるというのが安倍晋三首相（当時）の見解だった。

また、日本では二〇一一年の原発災害によって原発に対する拒否感が強まったが、新たな基準のもとに原発は再稼働している。つまり、「核兵器を否定し、原発を肯定する」という単純な歴史的二面性に加えて、現代日本社会では、核兵器を否定しつつ肯定し、原発を否定しつつ肯定するという認識が定着しているといえる。

第二に、「危険だと知りながら、核戦争も原発事故も起こらないと信じている」という二面性を指摘できる。これは日本社会に限らず、広く核兵器保有国と原発保有国に共通する特徴だ。

そもそも、核エネルギーは私たちの日常生活を規定しているが、なかなか意識しづらい。たとえば、スマホを充電するときに「この電気はどこから来ているのか」を意識することはほとんどない。また、安全保障にとって重要だとされる核兵器だが、平穏な日常のなかで核兵器の存在を想像する機会は非常に少ない。

二面性はそれだけではない。最後の、三点目にあたる二面性は、核エネルギーの実用化が根本的な不正義を抱え込む巨大産業としてこの世界に埋め込まれていることと関わっている。

この問題については、「原発マネー問題」とも呼ばれる事例を紹介しながら、説明したい。関西電力の経営幹部たちが、長年にわたり福井県高浜町《たかはまちょう》の元助役から、多額の金品を受け取っていた問題が二〇一九年に発覚した。そもそも、関電は日本の電力会社のなかでも特に原発への依存度が高く、高浜町には原発を四基保有している。電力会社は、関係する団体に協力金や寄付金というかたちで、多額の金を払ってきた。また、本書でも述べたように、国も原発立地自治体に対して、電源三法に基づく交付金を支払っている。

高浜町の元助役の事例をもう少しみてみよう。元助役は、一九八七年に助役を退任後、関西電力の子会社の顧問に就任した。原発関連の仕事を請け負う会社であり、その仕事をさらに地元企業に割り当てていた。つまり、元助役は関電と地元企業とをつなぐパイプ役となり、多くの仕事を関電から受注する見返りとして、関電の幹部に金品を渡していたのである。こうした不透明な関係は、少なくとも一九八〇年代後半には常習化し、二〇一一年の原発災害後には、金品の額が急増した。二〇一一年から二〇一七年までの七年間で約一億八〇〇〇万円になった疑いがあるという。

原発関連の工事の受注を通して高浜町に渡った金の一部が、元助役を通して関電幹部に渡っていたかもしれないという疑念が起こった。公共性の高い電気料金が、関電幹部に環流していた可能性があることが問題なのである。

しかし、原発をめぐって不透明な金が動いているであろうことを、日本社会はよく知っていた。決定的な証拠がないだけで、不正や癒着や腐敗が蔓延《まんえん》しているだろうと感じていた。ここにも核エネルギーに関する両義的な意識を見出すことができる。つまり、多くの日本人は、巨大な金が動く産業には不正や癒着や腐敗がつきものであると感じながら、（企業の隠蔽体質もあり）それを黙認してきたのである。

三つの二面性を指摘した。改めて整理すると「核兵器と原発を峻別する」「危険だけれども大丈夫」「不正義があると感じるけれど『そんなものだ』と黙認する」という二面性である。このように一般化すると、これは何も核エネルギーに限ったことではなく、公共の問題に私たちがいかに関わるかという問題だということが、即座に理解できるのではないだろうか。

本書では核エネルギーの利用が定着した日本社会の過去を振り返り、批判的思考の脈流を辿ることで、現状分析の手がかりを得ようと試みてきた。

執筆中に、何度も思い浮かべていた光景がある。二〇一九年の晩秋に福島大学を訪れた際に目にした、フレコンバッグとソーラーパネルである。福島大学の駐車場からは、大学の隣接地に黒いフレコンバッグ（汚染土などを詰めて保管するための黒い袋）が高く積み重なっているのがみえた。そして、その手前には、太陽光発電のソーラーパネルが並んでいた。フレコンバッグとソーラーパネルが同居するその光景は、核と日本の現在地をよく示しているように思えた。土や水は自然の一部である。それらを汚染し、保管し続けるという人間の営みに、筆者は改めて違和感を抱いた。それと同時に、フレコンバッグが、当たり前のように日常と隣り合わせにあることの意味に、想《おも》いを馳《は》せた。風化することのない原発災害の傷痕のようにもみえた。

現代文明の大部分は電力によって支えられている。その電力について、私たちはもっぱら国や自治体、電力会社の管轄だと思い込んでいる。しかし、果たして本当にそうだろうか。同じ疑問を、核兵器についても抱いている。核兵器によって核戦争を防止するという「平和」のあり方がほとんど疑われない現状がある。原子力はいつも経済の言葉で、核兵器はいつも安全保障の言葉で語られており、私たちはそれを当然視している。こうした状況に一石を投じたいと願って、本書を執筆した。

本書が形になるまでには、たくさんの人にお世話になった。

まず、編集者の藁谷浩一さん。藁谷さんは絶妙のタイミングで連絡をくださり、様々な情報を提供してくださった。次に、初校と再校でお世話になった校閲担当者にもお礼を言いたい。縁の下の力持ちという言葉通り、助けられた。もっとも、本文すべての責任は筆者にある。最後に、福島大学の新藤雄介先生。筆者は震災後、わずか五回だけしか福島を訪問していないが、五回目にあたる二〇一九年の訪問は、新藤先生のお声がけによって実現した。皆で酒席を楽しんだあの頃が懐かしい。

主要参考文献

＊欧米の著者の場合は、ファミリーネームの仮名を五十音順に並べた。

東浩紀『テーマパーク化する地球』ゲンロン叢書、二〇一九年
安藤丈将『脱原発の運動史：チェルノブイリ、福島、そしてこれから』岩波書店、二〇一九年
井口暁『ポスト3・11のリスク社会学：原発事故と放射線リスクはどのように語られたのか』ナカニシヤ出版、二〇一九年
イーズリー，ブライアン、市場泰男訳『魔女狩り対新哲学：自然と女性像の転換をめぐって』平凡社クリテリオン叢書、一九八六年
イーズリー，ブライアン、里深文彦監修、相良邦夫・戸田清訳『性からみた核の終焉』新評論、一九八八年
オーウェル，ジョージ、秋元孝文訳『あなたと原爆：オーウェル評論集』光文社古典新訳文庫、二〇一九年
大江健三郎『ヒロシマ・ノート』岩波新書、一九六五年
大越愛子『フェミニズム入門』ちくま新書、一九九六年
太田昌克『日米「核密約」の全貌』筑摩選書、二〇一一年
太田昌克『日本はなぜ核を手放せないのか：「非核」の死角』岩波書店、二〇一五年

小野俊太郎『フランケンシュタインの精神史：シェリーから「屍者の帝国」へ』彩流社、二〇一五年
小野一『脱原発社会を求める君たちへ』幻冬舎ルネッサンス新書、二〇一八年
開沼博『「フクシマ」論：原子力ムラはなぜ生まれたのか』青土社、二〇一一年
開沼博『はじめての福島学』イースト・プレス、二〇一五年
「核戦争の危機を訴える文学者の声明」署名者企画『日本の原爆文学9 大江健三郎／金井利博』ほるぷ出版、一九八三年
金井利博『核権力：ヒロシマの告発』三省堂、一九七〇年
金森修・塚原東吾編『科学技術をめぐる抗争』（リーディングス 戦後日本の思想水脈 第2巻）、岩波書店、二〇一六年
河出書房新社編集部編『思想としての3・11』河出書房新社、二〇一一年
岸田純之介『核』学陽書房、一九七五年
木村朗・高橋博子編著『核時代の神話と虚像：原子力の平和利用と軍事利用をめぐる戦後史』明石書店、二〇一五年
栗原彬編『証言 水俣病』岩波新書、二〇〇〇年
黒澤知弘「追い詰められている避難者の子どもたち」『世界』二〇一七年四月号
原子力技術史研究会編『福島事故に至る原子力開発史』中央大学出版部、二〇一五年
酒井直樹「『無責任の体系』三たび」『現代思想』二〇一一年五月号
坂田昌一著、樫本喜一編『原子力をめぐる科学者の社会的責任』岩波書店、二〇一一年

坂本義和編『核と人間Ⅰ：核と対決する20世紀』岩波書店、一九九九年
佐久間稔『わが職業は死の灰の運び屋』創隆社、一九八六年
佐藤嘉幸・田口卓臣『脱原発の哲学』人文書院、二〇一六年
澤田哲生・長瀧重信・松本義久「御用学者と呼ばれて 第2弾 食品汚染と風評被害の真実」『週刊新潮』第五六巻第三九号
シェリー，メアリー、小林章夫訳『フランケンシュタイン』光文社古典新訳文庫、二〇一〇年
柴田鐵治・友清裕昭『原発国民世論：世論調査にみる原子力意識の変遷』ERC出版、一九九九年
島薗進「被災者の被るストレスと『放射線健康不安』」『環境と公害』第四七巻第一号、二〇一七年七月号
島田虎之介『ロボ・サピエンス前史』講談社、二〇一九年
清水修二『差別としての原子力 新装版』リベルタ出版、二〇一一年
上丸洋一『原発とメディア：新聞ジャーナリズム2度目の敗北』朝日新聞出版、二〇一二年
絓秀実『反原発の思想史：冷戦からフクシマへ』筑摩選書、二〇一二年
添田孝史『原発と大津波 警告を葬った人々』岩波新書、二〇一四年
添田孝史『東電原発裁判：福島原発事故の責任を問う』岩波新書、二〇一七年
添田孝史「東電の『悪質さ』に目をつぶった日本学術会議報告」『科学』二〇一九年八月号
高木仁三郎『科学は変わる：巨大科学への批判』東洋経済新報社、一九七九年
高木仁三郎『核時代を生きる：生活思想としての反核』講談社現代新書、一九八三年
高木仁三郎『核の世紀末：来るべき世界への構想力』農山漁村文化協会、一九九一年

高木仁三郎『プルトニウムの未来：2041年からのメッセージ』岩波新書、一九九四年
高橋哲哉『犠牲のシステム　福島・沖縄』集英社新書、二〇一二年
津村喬「『原発政治』の神話と現実」『現代の眼』一九七七年五月号
戸田清『〈核発電《ゲンパツ》〉を問う：3・11後の平和学』法律文化社、二〇一二年
戸田典樹編著『福島原発事故　取り残される避難者：直面する生活問題の現状とこれからの支援課題』明石書店、二〇一八年
外山恒一『改訂版　全共闘以後』イースト・プレス、二〇一八年
直野章子『被ばくと補償：広島、長崎、そして福島』平凡社新書、二〇一一年
中曾根康弘「原子力平和利用の精神」『日本原子力学会誌』第四五巻第一号、二〇〇三年
西尾漠『反原発運動四十五年史』緑風出版、二〇一九年
日本原子力産業会議編『原子力発電所の安全性に関する解説　第四集　東海原子力発電所の安全審査のあらまし』日本原子力産業会議、一九五九年
野坂昭如『終末処分』幻戯書房、二〇一二年
長谷川公一・品田知美編『気候変動政策の社会学：日本は変われるのか』昭和堂、二〇一六年
長谷川公一「核燃料サイクルと『六ヶ所村』」津田大介・小嶋裕一編『［決定版］原発の教科書』新曜社、二〇一七年
原田正純『水俣が映す世界』日本評論社、一九八九年
広重徹『近代科学再考』朝日選書、一九七九年

廣野由美子『批評理論入門：「フランケンシュタイン」解剖講義』中公新書、二〇〇五年
ファーマン、マシュー、藤井留美訳、國分功一郎解説『原子力支援：「原子力の平和利用」がなぜ世界に核兵器を拡散させたか』太田出版、二〇一五年
福間良明『焦土の記憶：沖縄・広島・長崎に映る戦後』新曜社、二〇一一年
舩橋晴俊・長谷川公一・飯島伸子『核燃料サイクル施設の社会学：青森県六ヶ所村』有斐閣選書、二〇一二年
ベック，ウルリヒ、東廉・伊藤美登里訳『危険社会：新しい近代への道』叢書ウニベルシタス、法政大学出版局、一九九八年
堀江邦夫『原発ジプシー』現代書館、一九七九年
町村敬志『開発主義の構造と心性：戦後日本がダムでみた夢と現実』御茶の水書房、二〇一一年
宮台真司・飯田哲也『原発社会からの離脱：自然エネルギーと共同体自治に向けて』講談社現代新書、二〇一一年
安冨歩『満洲暴走　隠された構造：大豆・満鉄・総力戦』角川新書、二〇一五年
山岡淳一郎『原発と権力：戦後から辿る支配者の系譜』ちくま新書、二〇一一年
山崎正勝・池田香代子・太田昌克「なぜ原子力基本法は改悪されたのか」『世界』二〇一二年八月号
山本昭宏『核エネルギー言説の戦後史　1945－1960：「被爆の記憶」と「原子力の夢」』人文書院、二〇一二年
山本昭宏『核と日本人：ヒロシマ・ゴジラ・フクシマ』中公新書、二〇一五年

山本昭宏「原発災害後のメディア文化における『災害体験の思想化』に関する一考察：二〇一一年三月一一日以降のマンガ・映画・小説を手がかりに」『メディア史研究』第47号、二〇二〇年
山本義隆『福島の原発事故をめぐって：いくつか学び考えたこと』みすず書房、二〇一一年
ユンク，ロベルト、山口祐弘訳『原子力帝国』アンヴィエル、一九七九年
吉岡斉『科学者は変わるか：科学と社会の思想史』社会思想社、一九八四年
吉岡斉『原子力の社会史：その日本的展開』朝日選書、一九九九年
吉村萬壱『ボラード病』文藝春秋、二〇一四年
若尾祐司・本田宏編『反核から脱原発へ：ドイツとヨーロッパ諸国の選択』昭和堂、二〇一二年
早稲田大学東日本大震災復興支援プロジェクト浪江町質問紙調査班・和田仁孝・西田英一・中西淑美「浪江町被害実態報告書：質問紙調査の結果から」早稲田大学東日本大震災復興支援プロジェクト、二〇一三年

山本昭宏（やまもと　あきひろ）

一九八四年奈良県生まれ。神戸市外国語大学准教授。京都大学大学院文学研究科博士後期課程修了。専門は日本近現代文化史。主著に『核と日本人――ヒロシマ・ゴジラ・フクシマ』『戦後民主主義――現代日本を創った思想と文化』（ともに中公新書）、『核エネルギー言説の戦後史　1945-1960――「被爆の記憶」と「原子力の夢」』『大江健三郎とその時代――「戦後」に選ばれた小説家』（ともに人文書院）、『教養としての戦後〈平和論〉』（イースト・プレス）などがある。

原子力《げんしりょく》の精神史《せいしんし》――〈核《かく》〉と日本《にほん》の現在地《げんざいち》

集英社新書一〇五七B

二〇二一年二月二二日　第一刷発行

著者……山本昭宏《やまもとあきひろ》

発行者……樋口尚也

発行所……株式会社集英社

東京都千代田区一ツ橋二-五-一〇　郵便番号一〇一-八〇五〇

電話　〇三-三二三〇-六三九一（編集部）

〇三-三二三〇-六〇八〇（読者係）

〇三-三二三〇-六三九三（販売部）書店専用

装幀……原　研哉

印刷所……凸版印刷株式会社

製本所……株式会社ブックアート

定価はカバーに表示してあります。

ISBN 978-4-08-721157-3 C0236

Printed in Japan

a pilot of wisdom

集英社新書　好評既刊

忘れじの外国人レスラー伝
斎藤文彦　1044-H
昭和から平成の前半にかけて活躍した伝説の外国人レスラー一〇人。彼らの黄金期から晩年を綴る。

悲しみとともにどう生きるか
柳田邦男／若松英輔／星野智幸／東畑開人／平野啓一郎／島薗 進／入江 杏　1045-C
「グリーフケア」に希望を見出した入江杏の呼びかけに応えた六人が、悲しみの向き合い方について語る。

ニッポン巡礼〈ヴィジュアル版〉
アレックス・カー　045-V
滞日五〇年を超える著者が、知る人ぞ知る「かくれ里」を厳選。日本の魅力が隠された場所を紹介する。

原子力の哲学
戸谷洋志　1047-C
七人の哲学者の思想から原子力の脅威にさらされた世界と、人間の存在の根源について問うていく。

花ちゃんのサラダ　昭和の思い出日記〈ノンフィクション〉
南條竹則　1048-N
懐かしいメニューの数々をきっかけに、在りし日の風景をノスタルジー豊かに描き出す南條商店版『銀の匙』。

万葉百歌　こころの旅
松本章男　1049-F
随筆の名手が万葉集より百歌を厳選。瑞々しい解釈と美しいエッセイを添え、読者の魂を解き放つ旅へ誘う。

拡張するキュレーション　価値を生み出す技術
暮沢剛巳　1050-F
情報を組み換え、新たな価値を生み出すキュレーション。その「知的生産技術」としての実践を読み解く。

福島が沈黙した日　原発事故と甲状腺被ばく
榊原崇仁　1051-B
福島原発事故による放射線被害がいかに隠蔽・歪曲されたか。文書の解析と取材により、真実に迫る。

女性差別はどう作られてきたか
中村敏子　1052-B
なぜ、女性を不当に差別する社会は生まれたのか。西洋と日本で異なる背景を「家父長制」から読み解く。

退屈とポスト・トゥルース　SNSに搾取されないための哲学
マーク・キングウェル／上岡伸雄・訳　1053-C
哲学者であり名エッセイストである著者が、ネットとSNSに対する鋭い洞察を小気味よい筆致で綴る。

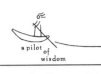